LEÇONS

SUR

L'HISTOIRE NATURELLE

DES CORPS ORGANISÉS,

PROFESSÉES AU COLLÉGE DE FRANCE

PAR M. G. L. DUVERNOY,

D. M. P., CHEVALIER DE LA LÉGION-D'HONNEUR, CORRESPONDANT DE L'ACADÉMIE ROYALE DES SCIENCES DE L'INSTITUT, ET DE L'ACADÉMIE ROYALE DE MÉDECINE, MEMBRE RÉSIDENT DE LA SOCIÉTÉ PHILOMATIQUE DE PARIS; DE L'ACADÉMIE IMPÉRIALE DES CURIEUX DE LA NATURE; DE L'ACADÉMIE ROYALE DES SCIENCES DE TURIN, DES SOCIÉTÉS ET ACADÉMIE DES SCIENCES, DE MÉDECINE ET D'HISTOIRE NATURELLE DE STRASBOURG, BESANÇON, LILLE, DE WETTÉRAVIE, DE MAYENCE, DE FRIBOURG, DE HEIDELBERG, ETC.

PREMIER FASCICULE,

COMPRENANT UNE ESQUISSE DES DERNIERS PROGRÈS DE LA SCIENCE ET DE SON ÉTAT ACTUEL.

PARIS,

LIBRAIRIE DE CROCHARD ET CIE,

PLACE DE L'ÉCOLE-DE-MÉDECINE, 13.

1839.

PARIS. — IMPRIMERIE DE TERZUOLO,
RUE MADAME, N° 30.

AVERTISSEMENT.

En me déterminant à imprimer ces premières Leçons, de mon premier cours au Collége de France, sur l'*Histoire Naturelle des Corps organisés*, je n'avais d'autre but que de faire connaître l'état actuel de la science, ma profession de foi sur ses doctrines, et le plan que j'ai adopté pour son enseignement.

Je comptais borner là cette publication.

Cependant, il se pourrait que ce fascicule fût suivi de plusieurs autres, comprenant quelques-uns des sujets nombreux et variés que j'aurai traités, et qui m'auront donné l'occasion d'exposer des vues nouvelles, ou des faits nouveaux ou peu connus, que la science aurait intérêt à répandre de plus en plus, et à consigner dans ses Annales.

LEÇONS

SUR

L'HISTOIRE NATURELLE

DES CORPS ORGANISÉS.

PREMIÈRE LEÇON

(Du 5 décembre 1838),

Comprenant le programme du Cours, et la partie anatomique de l'esquisse des derniers et principaux progrès de la science des corps organisés.

MESSIEURS,

En faisant les premiers pas dans cette chaire, je ne puis me défendre, pardonnez-le-moi, je vous prie, de tristes pensées, de souvenirs mêlés d'amers regrets.

Le Maître illustre, auquel je succède, n'avait guère que mon âge lorsque sa puissante parole s'est fait entendre pour la dernière fois dans cette tribune centrale de la science dont il était devenu l'oracle suprême. Quelque faibles que vous paraîtront les paroles de l'humble disciple, comparées à celles que prononçaient son Maître chéri dans les dernières années de sa glorieuse carrière; quelque imprudent que je puisse paraître en rappelant de tels souvenirs, je ne puis m'empêcher de lier ma première leçon à cette leçon fatale du 28 mai 1832.

Semblable à ce dernier entretien de Socrate, au moment de boire la ciguë, c'était aussi une exposition de principes; de ces principes fondamentaux, dont le cours qui commence sera, s'il m'est possible, un utile développement.

Cette leçon avait quelque chose de solennel et de mélancolique qui semblait annoncer que l'esprit supérieur d'un tel Maître, ainsi que je l'ai dit ailleurs, se révélait pour la dernière fois à ses nombreux disciples. Malheureusement je n'ai pas eu le bonheur de l'entendre! Je vous en parlerai d'après l'impression qu'elle avait produite chez l'un des assistants, qui était à la vérité l'un des auditeurs les plus zélés, et l'un des admirateurs les plus éclairés de M. Cuvier.

L'illustre professeur reprenait, ce jour-là, le cours sur l'*Histoire des Sciences naturelles*, qu'il avait interrompu pendant les plus grands ravages du choléra. La foule venait de nouveau s'éclairer au foyer des lumières que répandait autour de lui le savant historien; elle venait apprendre à juger des vicissitudes de la science et de ses progrès, signalés, expliqués avec cette force de logique, cette netteté d'expression dont peu d'hommes ont eu le rare privilége, et qui n'a pas encore été surpassée; elle venait comparer, dans le tableau impartial qui se déroulait à ses yeux surpris, les variations dans les doctrines avec l'imperturbable fixité dans les bonnes observations. Elle venait apprendre à juger, avec la puissance du génie, cet esprit humain et ses progrès dans les sciences naturelles; s'avançant lentement dans cette carrière, mais d'un pas ferme et assuré, toutes les fois qu'il a pour guide un jugement sain, l'observation et l'expérience; mais s'égarant facilement lorsque son imagination l'entraîne, comme un ballon léger, dans des espaces sans limites. Elle venait apprendre à distinguer les matériaux de l'édifice de la science, des moyens employés successivement par ses différents constructeurs pour les arranger à leur manière.

L'historien lui montrait cet édifice changeant de face, prenant des formes bizarres, ou des proportions régulières, suivant les idées dominantes du siècle, et le degré de développement de l'esprit humain.

On aurait cru voir dans ce tableau les génies des sciences jouer à ce jeu bien connu, destiné, en amusant les petits enfants, à leur donner à la fois l'idée et le goût de l'architecture. Ils ont des matériaux qu'ils ne peuvent changer, avec lesquels ils construisent et démolissent, selon leurs caprices, les édifices les plus disparates, jusqu'à ce qu'un architecte habile vienne leur apprendre le bel usage qu'on peut en faire.

Dans cette leçon de rentrée, je rapporte les exprcsssions de l'auditeur d'élite (M. de H****) dont je viens de parler : « Le professeur, » après avoir résumé ce qu'il avait dit jusque là pour rendre compte » des efforts tentés par les différentes écoles philosophiques, pour » expliquer le monde de phénomènes qui nous entoure; après » s'être élevé avec la force et la vivacité d'une sainte indignation, » contre cette hérésie en histoire naturelle qui veut ramener tout, » dans ce vaste univers, à une pensée isolée et systématique, et » faire des progrès du moment un temps d'arrêt et un obstacle » pour l'avenir; M. Cuvier avait indiqué ce qui lui restait à dire » pour vider la grande question de l'évolution et de l'épigénèse, » et pour développer ensuite sa propre manière d'envisager l'é» tude de la création. Étude sublime dont la mission est de ra» mener l'intelligence humaine, qui n'envisage et ne comprend » les choses qu'une à une, et qui les méconnaît en les assujé» tissant à des systèmes étroits, pour la ramener, dis-je, à cette » *Intelligence Suprême*, qui les comprend, les vivifie toutes, et » leur donne leur individualité parfaite, parce qu'elle ne laisse » manquer à aucune d'elles les conditions spéciales et néces» saires à son existence; à cette *Intelligence* enfin qui révèle » tout et que tout révèle, qui renferme tout et que tout renferme.

» Il y avait, dans cette dernière partie de la leçon, un calme » et une justesse de perception, une révélation franche de la » vue intime et complète de l'observateur religieux, rappelant » involontairement le livre qui parle de la création à tout le » genre humain, la *Genèse*.

» Ce rapport plutôt évité que cherché, qui ne se trouvait pas » dans les mots, mais dans les idées, parut se faire jour tout-à» coup, lorsque le Professeur prononça ces paroles : *Chaque être » renferme en lui-même, dans une variété infinie et une prédisposi» tion admirable, tout ce qui lui est nécessaire; chaque être est » parfait et viable, selon son ordre, son espèce et son individualité.*

» Nulle part formulée, il y avait dans cette leçon, une révéla» tion de l'omnipotence de la cause suprême. La plus haute mis» sion de la science, sa position finale s'y trouvait clairement » indiquée. On tombait, par l'examen du monde visible, au monde

» invisible, et partout l'examen de la créature indiquait la pré-» sence du Créateur. »

Tels sont du moins les souvenirs et les impressions qui ont été conservés du dernier enseignement de M. Cuvier dans cette enceinte. Quelques jours plus tard il avait passé dans ce monde invisible, dont il avait cherché, dans ses dernières paroles, à démontrer la liaison avec le monde qu'il devait quitter si inopinément ; il était rentré dans le sein de Dieu, dont il n'avait cessé, durant sa trop courte vie, d'expliquer la sagesse et la puissance dans les œuvres de la création.

Je devais à *Cuvier*, à mon Maître, à mon ami, ces premières pensées, quelque tristes qu'elles soient ; je lui devais ce premier hommage, sorte d'invocation, à la suite de laquelle descendront peut-être dans mon esprit de bonnes et d'utiles inspirations ; je vous devais, Messieurs, tout d'abord cette sorte de déclaration de principes, qui doit éclairer ici, comme ailleurs, le reste de ma carrière scientifique, ce qui m'est réservé d'heures par la Providence.

Je ne pouvais le faire mieux qu'en m'appuyant immédiatement sur cette grande autorité qui a répandu sa vive lumière, comme un astre bienfaisant, sur la fin du siècle précédent, et sur le premier tiers de celui-ci.

En effet, l'*Histoire naturelle des corps organisés* que j'ai pour mission de vous enseigner, est proprement l'histoire des phénomènes qui indiquent la liaison mystérieuse du monde visible avec le monde invisible. L'étude successive et de plus en plus relevée des causes qui les produisent, nous fera remonter en dernier lieu à la cause première, que le grand *Leibnitz* appelait, avec sa logique toute puissante, la *Cause nécessaire*. Tel est le *premier principe*, le *principe fondamental*, qui dirigera, qui inspirera, j'espère, toutes mes leçons, qui doit se faire jour à travers les sujets si nombreux et si variés de mes enseignements. C'est aussi la *pensée mère*, la pensée dominante du fragment que je viens de vous faire connaître.

Un *second principe fondamental* établi dans ce fragment est, *qu'il n'y a pas d'être imparfait* pour celui qui étudie chaque individualité dans ses conditions d'existence ; pour celui qui parvient à comprendre le rôle que joue chaque individu, chaque espèce, chaque groupe plus relevé dans l'économie générale de la nature; pour celui qui considère cet ensemble harmonique, dont toutes les parties ont une coexistence nécessaire et contribuent à la vie compliquée de l'ensemble; de même que le concours harmonique de tous les organes, le jeu libre de toutes les fonctions, est essentiel à la durée de chaque existence individuelle.

Hâtons-nous de le dire cependant, l'organisation la plus simple, comparée à l'organisation la plus compliquée, nous donne l'idée d'une imperfection ou d'une perfection relatives, qu'il ne faut pas confondre avec ces prétendus degrés de perfection ou d'imperfection absolue, que le principe que nous venons d'énoncer repousse; parce que chaque être, comme l'a dit *Cuvier* en énonçant ce principe, est *parfait et viable selon son ordre, son espèce et son individualité.*

Mais cette perfection ou cette imperfection relatives ne peuvent s'exprimer rigoureusement par une échelle descendante ou ascendante, c'est-à-dire par une ligne ou par une série qui n'indiquerait que deux rapports, un inférieur et l'autre supérieur, ainsi que le pensait le célèbre *Bonnet*. Les combinaisons organiques dont l'ensemble forme chaque individualité, se compliquent et se simplifient si différemment dans les différents organismes, qu'on ne peut exprimer les différences ou les ressemblances qui en résultent, qu'en formant de la nature animée un immense réseau, qu'en la distribuant en groupes successivement et graduellement plus généraux; arrangés d'ailleurs de telle sorte qu'on puisse tirer des lignes nombreuses qui rayonnent de chaque groupe vers ceux avec lesquels il a plus ou moins de rapports, et qui indiquent, par leur direction ou leur longueur, la mesure de ces rapports.

Enfin nous trouvons dans ce dernier entretien du sage, le conseil de repousser toute idée hypothétique prise *a priori*, qui tendrait à arrêter la science dans sa marche progressive. Il ne veut pas à bon droit que l'on comprime cet essor de développement en embrassant un ordre d'idées exclusives, qui ne serait pas déduites rigoureusement, comme le voulait *Bacon*, de l'observation et de l'expérience.

Tels sont les préceptes que nous devons retenir des dernières paroles de notre maître; telles sont, du moins en partie, les principes qui nous serviront de guides dans cet enseignement.

Si je me fais une idée juste de mes nouveaux devoirs, ils m'imposent l'obligation de suivre avec vous, Messieurs, cette belle science des *Corps organisés*, non pas dans ses immenses détails, c'est la tâche des enseignements spéciaux, mais dans ses principaux progrès; de vous en exposer l'histoire impartiale, d'apprécier avec vous les principaux résultats de tant d'efforts généreux pour avancer cette science de la vie; de vous signaler les voies où l'on s'égare, celles où la science peut marcher en avant; de mettre, en un mot, dans tous mes entretiens un esprit de critique indépendante et de justice universelle, ayant pour but principal de faire connaître l'état actuel de la science, de montrer ses parties faibles comme celles où elle a acquis un développement plus avancé; de provoquer ainsi des recherches nouvelles, de contribuer par là à sa marche ascendante, et, en définitive, de faire triompher la vérité.

Mais ce n'est pas sans la crainte bien sincère de ne pouvoir suffire à une aussi belle, à une aussi noble tâche, que je la commence aujourd'hui.

Permettez-moi, Messieurs, d'entrer à présent dans quelques détails sur le plan que je me propose de suivre, dans les efforts que je ferai pour la remplir.

Ainsi que le programme l'annonce, je traiterai plus particulièrement cette année des principes fondamentaux de la zoologie, principes dont l'ensemble constitue la *Zoologie générale*, telle que je la comprends. Mais avant d'entrer en matière, j'aurai soin, dans une introduction, de vous donner une esquisse de l'état actuel de la *Biologie* ou de la science générale de tous les corps organisés, telle que les dernières découvertes nous la montrent; formant un ensemble dont toute les parties s'éclairent; nous permettant de multiplier nos comparaisons sur tous les phénomènes de la vie; nous conduisant ainsi par des raisonnements successifs, déduits de l'observation et de l'expérience, aux propositions les plus générales, qui composent l'état actuel de cette vaste science des corps organisés.

Nous étudierons ensuite les principes fondamentaux de la zoologie sous le triple point de vue *systématique*, *physiologique*, et *philosophique*. Voici d'ailleurs ma pensée sur l'acception de ces trois termes, ou sur l'idée qu'on doit se faire de ces trois divisions de l'histoire naturelle en général et de la zoologie en particulier.

J'entends : 1° par *Histoire naturelle systématique*, cette partie de la science qui s'occupe de la nomenclature, de la *description* et de la *classification* des objets naturels ; 2° l'*Histoire naturelle physiologique* est l'étude approfondie de la nature des êtres ; 3° l'*Histoire naturelle philosophique* s'occupe des questions les plus générales sur l'origine et les rapport de tous les êtres de la nature.

Le point de vue *systématique* vous fera sentir, en premier lieu, toute l'influence d'une *nomenclature* régulière pour faciliter la mémoire des objets naturels ; la nécessité d'un langage dont les termes soient bien définis pour décrire avec netteté et précision leurs parties. Mais je ne pourrai vous dissimuler les difficultés sans nombre dont la science est hérissée chaque jour davantage, par un néologisme de plus en plus embarrassant.

« *Cuvier*, l'oracle de notre époque en histoire naturelle, a dit quelque part, en se plaignant de cette multiplicité de noms donnés à une même espèce, ou à un même groupe plus général, *que la science des noms deviendra plus difficile que celle des faits* »

Une fois que vous aurez bien conçu les principes de cette autre partie de l'histoire naturelle systématique, qui traite de la *classification* des êtres ; une fois que vous aurez contracté l'habitude de réunir les objets, ou de les séparer dans des groupes graduellement plus importants, suivant la valeur relative de leurs caractères distinctifs ; la mémoire raisonnée que vous aurez acquise de toutes ces choses, de toutes ces comparaisons, de toutes ces inductions, formera la base solide des autres genres de connaissances, en histoire naturelle, dont vous pourrez orner votre esprit.

J'ajouterai que vous retirerez de ces notions systématiques, une habitude d'observations exactes, de réserve dans les conclusions, d'ordre et de classification dans les idées, qui exercera une heureuse influence sur toutes vos autres études; je dirais presque sur toutes les pensées, sur toutes les actions de votre vie. En effet, notre nature est telle que les bonnes ou les mauvaises habitudes enchaînent toujours plus ou moins cette liberté de penser et d'agir, à laquelle nous aspirons tous, que nous croyons posséder sans réserve, et dont, à notre insu, nos habitudes ne nous laissent souvent que l'illusion.

La *physiologie générale* est la partie vraiment fondamentale de l'histoire naturelle des corps organisés. C'est dans cette partie, à laquelle je serai forcé de consacrer le plus de temps, que nous étudierons les phénomènes si différents de la vie, dans tous les êtres animés qui en jouissent. Avant tout, nous vous ferons passer en revue les organes qui en sont les instruments, et les modifications infinies de structure et de forme qu'ils présentent dans la série animale; nous chercherons à vous faire saisir les rapports entre les uns et les autres; nous nous efforcerons de vous montrer tout ce que la science, dans son état actuel, peut expliquer de liaisons entre les organismes, tels que nous les connaissons, et les phénomènes vitaux qu'ils semblent produire. Cette étude, puissiez-vous le dire aussi, après en avoir fait l'expérience, attache, séduit, entraîne celui qui s'y livre, et qui contemple l'admirable arrangement de toutes ces machines organiques, et les merveilles de leurs mouvements et de leurs effets.

L'utilité particulière de cette étude de la vie se fera sentir plus spécialement à ceux d'entre vous qui, par état ou par goût, voudront connaître et approfondir la nature de l'homme. Trop long-temps la physiologie de l'homme a été considérée par le vulgaire des physiologistes, et par l'immense majorité des médecins, comme une science entièrement séparée de la physiologie des animaux, et ne pouvant s'éclairer par elle. L'exemple que le grand *Haller* leur avait donné, dans un ouvrage qui a créé la physiologie, et par les expériences sur les animaux vivants instituées par son école; celui bien antérieur de l'immortel *Harvey*, qui s'était servi des animaux pour démontrer entre autres sa découverte de la circulation du sang; les expériences de *Spallanzani* sur la digestion, faites dans un temps plus rapproché de nous; celles des *Charles Bell*, des *Flourens*, des *Magendie*, des *J. Muller*, des *Panizza*, des *Rolando*, etc., sur le système nerveux, qui ont répandu tant de lumières sur la physiologie de l'homme, n'ont point encore assez changé cette manière de voir singulièrement bornée. On considère encore trop souvent cette partie des études médicales comme une science de luxe, et même, disons le mot, comme un roman, qui n'a aucun moyen d'éclairer le but principal du médecin, celui de connaître et d'apprécier la nature des maladies, et d'apprendre à les guérir.

Tous mes efforts tendront à vous donner des convictions contraires, à vous faire sentir toute l'importance de la physiologie de l'homme, et la nécessité de bien connaître celle-ci, pour parvenir à de bonnes théories sur la science des maladies. Comment comprendre, en effet, la nature et le siége de tous ces dérangements des organismes, si l'on n'a pas auparavant bien étudié et bien compris leur structure et leur jeu, dans l'état régulier de la vie qui caractérise la santé? C'est d'ailleurs la marche qui a été adoptée, avec ce but spécial, dans une autre chaire de cet établissement, marche dont le succès démontrerait l'excellence, s'il n'était encore dû à une perfection dans l'exécution, à laquelle nous n'osons aspirer.

J'espère, dans la suite de ces leçons, parvenir à vous convaincre que les phénomènes multiples de la vie la plus compliquée, la plus parfaite, de celle de l'homme, en un mot, ne peuvent être bien appréciés qu'en les analysant, qu'en les étudiant isolément. Que faudra-t-il faire pour cela? Serons-nous exclusivement forcés, dans des expériences difficiles, d'exercer, sur des animaux vivants, des mutilations qui troublent plus ou moins l'harmonie de toutes ou de la plupart des fonctions? La voie des expériences, dont nous sommes loin de ne pas revendiquer ici l'utilité, cette voie qui suppose d'ailleurs la connaissance de l'organisation des animaux et son étude, étant celle plus particulière suivie dans l'enseignement que nous venons de signaler, pour éclairer et avancer la science encore nouvelle de la nature des maladies; cette méthode expérimentale dont nous aurons soin de vous annoncer les principaux résultats ayant servi aux progrès de la science, ne sera pas celle par laquelle nous chercherons nous-mêmes plus particulièrement à éclairer la physiologie générale, et celle de l'homme en particulier. Sans l'exclure absolument de nos démonstrations, nous insisterons surtout, dans notre plan, sur la méthode d'observation.

En dirigeant votre attention sur les organismes graduellement moins compliqués qui s'offriront à vos regards, si vous descendez successivement de l'homme par toutes les échelles de l'organisation, jusqu'aux êtres où elle vous paraîtra dans sa plus grande simplicité, nous vous ferons faire une analyse naturelle de l'organisation et de ses lois; nous vous mettrons ainsi à même de juger, sans mécompte, des circonstances de forme et de structure qui constituent essentiellement l'organe ou l'instrument, jusqu'à ce qu'il disparaisse entièrement; ou celles qui le développent et le compliquent en le perfectionnant de plus en plus.

Vous arriverez, j'espère, par cette voie sûre de l'observation, à conclure avec moi, qu'il n'y a de physiologie spéciale possible, de physiologie humaine en particulier, que comme branche de la physiologie générale, sans laquelle la première s'écroulerait comme un édifice sans fondement.

De tous les systèmes d'organes qui constituent les organismes les plus compliqués, quel est le plus essentiel à l'animalité?

Vous serez à même de résoudre, avec moi, cette question importante, par l'étude comparée des organismes les plus simples et lorsque nous nous serons élevés successivement et graduellement, de ce point de départ, aux compositions organiques les plus compliquées.

Je ne puis assez vous dire combien ces considérations seront utiles pour développer vos connaissances; combien elles pourront répandre de lumière dans vos esprits sur l'étude approfondie des êtres organisés en général, et en particulier des animaux.

Le point de vue qui domine dans notre classification des fonctions de nutrition est l'étude du fluide nourricier. Nous verrons les organes qui le forment, ou du moins qui le renouvellent et qui en réparent les pertes; d'autres sont chargés de le perfectionner ou de le dépurer, c'est-à-dire, de lui donner sa composition normale, propre à nourrir les parties. Il a son organisation, ses réservoirs, ses forces et ses organes d'impulsion et d'attraction; c'est par leur moyen qu'il filtre dans toutes les mailles des tissus organiques pour y ranimer la vie, pour entretenir, pour y modifier plus ou moins rapidement leur composition moléculaire ou organique; ces phénomènes se reproduisent, se succèdent durant toute la vie avec un mouvement lent ou rapide, inégal ou uniforme, continu ou intermittent, jusqu'à ce que l'une ou l'autre composition soient devenues incompatibles avec la continuation du mouvement vital, et que la mort naturelle devienne ainsi la suite nécessaire de l'action de la vie et de sa durée, dont la mesure est dans l'essence de notre organisation.

Cette manière d'envisager les fonctions de nutrition sera féconde, je l'espère du moins, en applications utiles à la physiologie, à l'hygiène et à la pathologie de l'homme, en donnant aux humeurs, et particulièrement au sang, une importance proportionnée au rôle que joue le fluide nourricier dans l'ensemble de notre organisme.

L'analyse que nous ferons, avec vous, des moyens et des fonctions de propagation, la liaison que nous vous démontrerons entre ces fonctions et celles de nutrition, lorsque nous les étudierons dans leur plus grande simplicité; la variété de moyens pour ces organismes les plus simples, la complication d'un mode unique, la génération sexuelle, pour les organismes les plus parfaits, toutes ces études, si elles ne vous font pas pénétrer le mystère le plus caché de la vie, vous conduiront, j'espère, à porter un jugement sain sur toutes les questions fondamentales, ayant rapport à cette grande fonction, qui seront traitées dans la troisième partie de ce cours.

Quant aux fonctions qui constituent essentiellement l'animalité, nous aurons souvent l'occasion de vous faire connaître, en les étudiant avec vous, combien la connaissance de l'organisation et de ses phénomènes, dans l'état de vie, démontre de rapports entre eux.

Mais aussi nous aurons soin de vous signaler un ordre élevé de phénomènes vitaux, ceux de l'instinct et de l'intelligence, liés sans doute à certaines conditions d'organisation, que ces relations cependant n'expliquent pas.

C'est dans la partie *philosophique* que nous discuterons les importantes questions : 1° Sur l'origine des germes ; 2° sur les modifications que peuvent éprouver les formes et les structures organiques, par les influences physiques et par la génération ; 3° sur l'unité du plan de composition des organismes ou sur la pluralité des types ; 4° sur la permanence des espèces et leurs caractères indélébiles, que nous comparons avec leurs caractères variables ; 5° sur les rapports réciproques des êtres dans leur distribution actuelle à la surface du globe ; 6° enfin sur la distribution géographique des habitants successifs de notre planète, dont les révolutions ont fait disparaître une quantité immense d'espèces différentes de celles qui subsistent, et ont enfoui leurs restes à des profondeurs et dans des terrains variés, qui indiquent les époques relatives de ces révolutions.

Je ferai tous mes efforts pour que la discussion franche de toutes ces questions, qui sont du plus haut intérêt, serve à vous donner, autant que possible, une solution exacte pour les unes, et à vous montrer du moins que, si les autres restent encore indécises, c'est faute de données suffisantes pour les résoudre.

C'est ainsi que l'étude que nous ferons ensemble, de l'une ou l'autre de ces parties de l'histoire naturelle des corps organisés, vous mettra à même de juger, permettez-moi de l'espérer, avec l'esprit d'une critique éclairée, les observations et les doctrines ; en un mot, tous les genres de connaissance qui constituent dans son état actuel cette vaste science de la nature organisée.

Vous pourrez lire avec fruit, et classer d'après leur matière, leur esprit et leur degré d'importance, tous les ouvrages d'histoire naturelle, selon qu'ils traitent de l'une ou de plusieurs de ces parties essentielles, dans lesquelles la science se divise logiquement.

J'avais déjà adopté cette classification dans mon premier discours d'ouverture prononcé à la Faculté des Sciences de Strasbourg, en décembre 1827. Elle m'avait servi très-utilement à présenter, en peu de pages, une esquisse assez complète des principaux progrès de l'histoire naturelle, durant les vingt-sept premières années du siècle actuel.

Mon désir aurait été de reprendre cette esquisse où je l'avais laissée, et de la continuer jusqu'à ce jour. Les progrès de la science ayant été marqués, dans ce court intervalle de deux lustres, plutôt dans ses immenses détails que dans ses principes, je ne pourrai, en ce moment, vous en faire connaître que quelques-uns des traits les plus saillants. Ils serviront du moins à vous développer le programme dont je viens de vous donner une idée générale ; ils vous feront pressentir les principales questions que nous proposerons à vos méditations dans la suite de ces leçons. Je tâcherai surtout qu'ils vous donnent un aperçu de la physionomie que la science a prise dans ces derniers temps, et sous laquelle elle s'offrira à vos regards.

I. *Aperçu historique des derniers progrès de la science des corps organisés, et plus spécialement de la zoologie.*

A. *Partie physiologique.*

La *connaissance physiologique* des êtres organisés est le fondement et la pierre de touche de toutes les autres connaissances dont se compose leur histoire naturelle. Sans elle on ne peut les *bien nommer;* car la science des noms suppose la connaissance des choses. Sans elle on ne peut *les décrire* de manière à faire ressortir leurs véritables caractères différentiels ou d'analogies ; car ces descriptions supposent la juste appréciation de ces différences et de ces ressemblances. Sans elle enfin on ne peut les classer, c'est-à-dire les placer dans leurs véritables rapports, que la science de l'organisation peut seule faire connaître.

§ 1. *Organographie ou partie anatomique de la physiologie.*

C'est par cette science de l'organisation, comme premier principe de toute connaissance dans l'histoire naturelle des corps organisés, que nous commencerons l'exposé des progrès récents de cette partie de l'histoire naturelle.

Cette connaissance est parvenue à un haut degré de perfection qui donne les plus justes espérances pour une explication plus avancée des phénomènes de la vie.

Celle des animaux en particulier avait été le but de nombreuses recherches faites en France dès le dix-septième siècle, par les premiers membres de l'Académie des Sciences de Paris, surtout par *Perrault* et *Duverney;* et dans le dix-huitième par *Daubenton* et *Vicq d'Azyr;* en Hollande par *Blasius, R. de Graaf, Swammerdam* et *Lyonet;* en Angleterre par *Tyson*, *T. Willis*, *G. Harvey*, *Monro*, *Hewson* et par *J. Hunter;* en Allemagne, en Danemarck et en Russie par *O. Rudbeck*, par *J. C. Peyer*, par les *Bartholin*, par *J. G. Duvernoy*, le maître du grand *Haller*, et par le célèbre *Pallas;* en Italie par *Malpighi*, *Borelli*, *Scarpa*, *Fontana* et *Poli*.

Mais les résultats de ces travaux divers n'avaient guère servi qu'à piquer la curiosité sur certaines organisations, s'écartant plus ou moins de ce que l'on connaissait de l'organisation de l'homme; trop rarement en avait-on tiré parti pour l'intelligence des rapports organiques. Peu de propositions générales avaient été déduites de ces connaissances éparses sur la structure des animaux. De nombreux matériaux restaient isolés et sans emploi.

A. Monro, dès le milieu du dix-huitième siècle, avait bien cherché à les réunir en un corps de science; mais ce premier et court essai, restreint à l'énoncé de quelques caractères organiques des classes, est une trop imparfaite ébauche pour être considérée comme l'origine de l'anatomie comparée.

J'en dis autant du plan plus détaillé de *Vicq d'Azyr*, dont il avait commencé l'exécution pour l'*Encyclopédie méthodique*, et dans lequel il avait entrepris de compiler par classe, puis par système d'organes, toutes les connaissances acquises et dispersées çà et là, sur l'organisation des animaux.

C'est de *Cuvier*, c'est du discours qu'il prononça en décembre 1795, en ouvrant son premier cours au Jardin des Plantes; c'est du premier plan qu'il conçut tout d'abord, pour enseigner l'anatomie comparée, que date cette science. Son programme, dans lequel il donne la préférence à la *méthode physiologique* sur la *méthode zoologique*, est une création du génie. Il prévoit qu'en prenant chaque organe séparément, qu'en étudiant successivement les diverses modifications que cet organe éprouve dans toutes les classes, il sera conduit à toutes les comparaisons et à toutes les inductions qui pourront avancer la physiologie, le *vrai but*, ajoute-t-il, de la *zoologie*.

L'ouvrage des *leçons* fut exécuté d'après ce plan, par l'esprit créateur qui l'avait conçu, aidé des collaborateurs que M. Cuvier s'était choisi pour une partie des recherches de détails et de la rédaction.

La première leçon, *qui comprend des considérations préliminaires sur l'économie animale*, est un chef-d'œuvre de clarté et de profondeur, dans lequel sont resserrés en peu de pages les principes fondamentaux de l'*Anatomie comparée*, de la *Physiologie générale* et de la *Méthode de classification en Zoologie*.

Le premier article de cette leçon présente une esquisse rapide de la vie animale ou des fonctions que le corps animal exerce. Dans le suivant, qui traite *des organes dont le corps animal est composé*, et dans le troisième, qui comprend un *tableau des principales différences que les animaux présentent dans chacun de leurs systèmes d'organes*, l'auteur pose les base de l'*Anatomie physiologique*.

Il est impossible de méconnaître les vrais principes de l'*Anatomie philosophique* dans le *tableau des rapports qui existent entre les variations des divers systèmes d'organes*, qui fait l'objet du quatrième article de cette leçon.

C'est dans cet article fondamental que M. Cuvier développe ses idées sur la *loi des conditions d'existence* et démontre que cette loi seule a dû limiter les diverses combinaisons organiques.

C'est dans le même article qu'il établit ce principe si fécond, dans cette science des comparaisons, « qu'en considérant chaque or-» gane isolément, en le suivant dans toutes les espèces (où il » existe), on le voit se dégrader avec une uniformité singulière; » on l'aperçoit même encore en partie et comme en *vestige*, dans » des espèces où il n'est plus d'aucun usage, en sorte que la na-» ture semble ne l'y avoir laissé que pour demeurer fidèle à la loi » de ne pas faire de saut. Mais d'une part (ce sont toujours les » expressions du législateur de la science que je rapporte), les » organes ne suivent pas tous le même ordre de dégradation; tel » est à *son plus haut degré de perfection* dans une espèce, et tel » autre l'est dans une espèce toute différente.... D'un autre côté, » ajoute-t-il plus bas, ces nuances douces et insensibles s'obser-» vent bien tant que l'on reste dans les mêmes combinaisons des » organes principaux, tant que ces grands ressorts centraux res-» tent les mêmes. Tous les animaux chez lesquels cela a lieu » semblent formés sur un même plan commun, qui sert de base » à toutes les petites modifications intérieures; mais du moment » où l'on passe à ceux qui ont d'autres combinaisons principales, » il n'y a plus de ressemblance (en rien) que dans les éléments » des organes et dans ce qui est essentiel à l'animalité (2e *édit.*, » t. 1, pag. 61), et on ne peut méconnaître l'intervalle où le » saut le plus marqué. » (1re *édit.*, t. 1, pag. 60.)

Enfin les bases de l'*Anatomie zoologique*, de cette partie de la science de l'organisation qui indique les véritables rapports organiques d'après lesquels on doit grouper les animaux dans la méthode naturelle, sont posées dans le dernier article de cette première leçon, qui comprend un premier essai de la *Division des animaux d'après l'ensemble de leur organisation.*

Tels sont les principaux caractères imprimés tout d'abord à la science de l'organisation animale, par le génie qui l'a créée par ses enseignements, dans les dernières années du siècle précédent, et qui l'a fondée par la publication de la première édition des *Leçons d'Anatomie comparée*, au commencement du siècle actuel.

Tel est le point de départ de la science, qu'il était nécessaire de reconnaître, afin de mieux apprécier ses progrès récents.

Cette première esquisse de l'organisation des animaux, dont le plan avait été si parfaitement conçu, était d'ailleurs assez complète pour la connaissance des principales formes organiques. Mais celle de la structure intime des organes ne pouvait être qu'ébauchée.

Elle faisait connaître sans doute les circonstances de structure les plus apparentes à la vue simple, propres à éclairer les fonctions ou le jeu des machines organiques.

Il restait d'ailleurs beaucoup de détails à ajouter à cette description générale, pour en faire un tableau complet; il restait surtout à mieux analyser certaines parties (la boîte osseuse de l'encéphale); à déterminer avec plus de justesse la composition et l'analogie de certains appareils ou de quelques organes, que des modifications de volume, de forme, de structure, et même de connexion, rendent quelquefois presque méconnaissables.

Toutes ces imperfections devaient disparaître dans la nouvelle édition que M. *Cuvier* préparait de cet ouvrage fondamental, dont je lui avais promis de partager de nouveau la tâche difficile

Malheureusement sa trop courte existence n'a suffi qu'à revoir le premier volume; mais n'oublions pas qu'on trouve en tête de ce volume, cette *Leçon de principes*, dans lesquels l'illustre auteur s'était affermi par plus de trente années de travaux et de méditations! Rappellons-nous qu'il a fait de nouveau, dans cette *première leçon*, une profession publique de ces principes fondamentaux de la science; et que sa mort, arrivée peu de temps après, semble leur avoir donné une solennelle et dernière sanction.

Quant à la longue tâche qu'il m'avait abandonnée, et à celle qu'il s'était réservée et qu'il a laissée inachevée (1), mes honora-

(1) M. Cuvier n'a pu revoir que les généralités et les organes du mouvement des vertébrés.

bles collaborateurs, qui se sont chargés de cette dernière, et moi, pour ma part, nous la trouvons singulièrement allégée, par les progrès que font faire journellement à la science les savants de tous les pays civilisés.

Voici d'ailleurs le caractère actuel de cette belle science de l'organisation et les moyens qu'elle emploie.

Elle poursuit avec ardeur l'analyse de toutes les formes organiques que les méthodes les plus perfectionnées de décomposition et de dissection avec le scapel peuvent lui faire découvrir.

Elle pénètre dans la nature intime des tissus avec l'œil armé du microscope ; cette analyse des yeux, qui n'est pas exempte de beaucoup d'illusions, est employée par les anatomistes avec une patience, une constance, une intelligence dans les moyens, qui ont déjà conduit à d'importantes découvertes.

L'analyse chimique et l'analyse microscopique des fluides qui entrent dans la composition des corps organisés, ont été l'objet, dans ces derniers temps, d'une foule de recherches heureuses par leurs résultats importants.

Une autre espèce d'analyse dans laquelle on emploie encore la lumière, mais la lumière polarisée, est venue prendre place dans la science des corps organisés, comme nouveau moyen d'investigation, sous le nom d'*analyse optique*, que lui a donné son ingénieux inventeur M. *Biot*.

La sève non élaborée, la sève élaborée, comme la lymphe, le chyle et le sang, la salive, le suc gastrique, le suc pancréatique, le mucus animal, la bile, le lait, la poussière fécondante des végétaux, le fluide générateur des animaux, ont été soumis à tous ces moyens perfectionnés d'investigation.

Beaucoup d'observateurs exercés s'appliquent à l'envi les uns des autres dans ce vaste champ d'observations et nous donnent l'espoir de nouvelles découvertes. J'aurai soin d'en nommer les

---

C'est le sujet du premier volume de la seconde édition. Le second volume, qui traite des organes du mouvement des *mollusques*, des *articulés* et des *zoophytes* et de la *tête osseuse des vertébrés*, a été publié par MM. F. Cuvier, neveu, et par M. Laurillard. Ces messieurs soigneront de même la publication du tome III, qui comprendra le *système nerveux* et les *organes des sens*.

auteurs à mesure que le sujet des leçons me conduira sur leurs traces.

Toutefois, je ne puis manquer de signaler ici : les travaux sur l'analyse chimique et organique de la lymphe, du chyle et du sang, de la salive et du lait, de MM. *Prévot et Dumas*, *Marcet*, *Lecanu*, *Denis*, *Leuret* et *Lassaigne*, *Tiedemann* et *Gmelin*, *Chevreul*, *Bourdet*, *Nasse*, *Schultze*, *R. Wagner*, *Turpin*, *Donné*, et *Mandl*; celui que M. *Demarçais* vient de faire sur la composition chimique de la bile, dans lequel il ramène à l'opinion ancienne, que c'est un *savon à base de soude* (I, pag. 200).

Les recherches toutes récentes de MM. *Mitcherlich*, *Tiedemann* et *Gmelin*, et celles de M. *Marchand* pour constater la présence de l'urée dans le sang, soit en répétant l'expérience de l'ablation des reins de MM. *Prévot* et *Dumas*; soit en paralysant leur action par la ligature des nerfs; soit en observant des cas pathologiques de l'inaction de ces organes sécrétoires, comme dans le choléra asiatique ; soit en rappelant le cas où cette sécrétion a été modifiée, comme chez les hydropiques, dans l'eau desquels *Nysten* avait constaté la présence de l'urée, montrent les sources variées où le physiologiste peut puiser au besoin les faits de la science.

Les investigations sur la structure intime des organes élémentaires se poursuivent avec ardeur, depuis que le microscope perfectionné découvre à l'œil étonné les merveilles de cette structure.

On pourra en prendre une idée dans le bel ouvrage de M. *Berrès*, qui paraît en *Allemagne*, mais non sans exciter des objections sur l'exactitude des observations qui y sont figurées ; et dans celui que publie à Paris M. *Mandl*.

Suivant M. *Prévôt* de Genève (II, t. 8, pag. 318 et 3. Nov. 1837), chaque *fibre* musculaire de la grenouille est un petit cylindre dont le diamètre varie entre $\frac{15}{100}$ et $\frac{10}{100}$ de millimètre. Il se compose de *fibrilles* dont le diamètre est de $\frac{1}{400}$ de millimètre. Chaque *fibre* est enveloppée d'une gaîne, dans laquelle on remarque, à des distances régulières de $\frac{2}{300}$ de millimètre, de petits rubans transverses, formant comme des anneaux qui cerclent ces fibres et qui appartiennent à cette membrane. Les extrémités des filets nerveux se jettent dans les anneaux des fibres et les enveloppent dans une suite d'anses. Dans l'état de repos les fibres musculaires sont flexueuses. Dans l'action toutes les parties de la ligne brisée qu'elles représentent gravitent les unes vers les autres.

A la vérité M. *Peltier* n'a pas tardé à faire connaître que sa manière de voir la structure intime des fibres musculaires était différente, et qu'il n'adoptait pas l'explication donnée de leur action. (II, t. 3, pag. 89.)

Un tissu élastique d'apparence et de disposition variées, mais jouissant de cette force morte à un degré remarquable, remplace avantageusement sans fatigue, sans épuiser la force vitale, comme l'action musculaire, la fibre chargée de cette dernière action. C'est ce tissu qui entre dans la composition du ligament cervical, si développé dans les mammifères à tête lourde, des substances intervertébrales, du ligament qui maintient relevée la phalange onguéale des chats. M. de *Blainville* l'a signalé dans la membrane de l'aile des chauves-souris; M. *Lauth*, dans le tendon du muscle extenseur de la membrane de l'aile des oiseaux; je l'ai encore découvert dans la poche sous-mandibulaire du *pélican*. Ce tissu élastique joue un rôle beaucoup plus important qu'on ne l'a cru dans la structure des poumons des vertébrés, et je suis à même de démontrer qu'il forme la base, je devrais dire la trame principale, des parois des cavités aériennes, et qu'il s'y développe en raison inverse des cartilages qui peuvent entrer dans cette même composition. M. *J. Muller*, MM. *Breschet* et *Gluge* ont retrouvé ce même tissu élastique, le premier dans la verge de l'*autruche*, du *nandou*, etc., les derniers dans l'utérus de la vache; il y forme un réseau analogue à celui de la poche du pélican, auquel ces auteurs auraient pu le comparer.

La structure intime des dents a fait l'objet des travaux de plusieurs anatomistes exercés, parmi lesquels nous devons compter, en premier lieu, M. *Retzius* de Stockholm. (V. t. p.)

Un des moyens de recherches des plus ingénieux, pour débrouiller la structure la plus cachée des organes dans l'état adulte, est de les étudier dans leur première apparition et dans leur développement successif. Cette étude nouvelle, poussée très-loin, toujours avec le microscope, a conduit à des découvertes remarquables, plus spécialement sur la structure des organes de sécrétion, tels que les glandes salivaires, le foie, les reins, etc., découvertes dues plus particulièrement à MM. *Rathke*, *Bœr*, *Weber*, et surtout à *J. Muller*. (VI.)

En dernier lieu, MM. *Dujardin* et *Verger* (VII, 2e année, n° 5, 1838) ont entrepris des recherches bien intéressantes sur la structure intime du *foie des mammifères*. Les résultats qu'ils ont obtenus, entre autres sur le parenchyme de cet organe si important dans la vie de nutrition, se rapprochent singulièrement de ce que j'avais publié dans les *Leçons* (t. v, pag. 479) : que le foie se distingue peut-être de tout autre organe de sécrétion, en ce qu'il renferme dans son tissu intime, lorsqu'il a un parenchyme, que j'ai démontré composé entre autres de petites capsules, une provision, en quantité très-variable, de bile concrète ; comme cela se voit dans les grandes capsules, dans les tubes des *crustacés* où des insectes, où il n'a pas de parenchyme.

Je ne puis faire, en ce moment, une simple esquisse de tous les détails de forme et de structure variées qui caractérisent, dans la série animale, les organes qui servent à composer le fluide nourricier. Je me suis efforcé d'en donner un tableau complet, autant que le permettait l'état actuel de la science, dans les trois volumes de la nouvelle édition des *Leçons d'Anatomie comparée* (XVII), qui concernent cette matière.

On y verra, entre autres, que la description du foie de l'homme devra être modifiée, relativement à sa forme, par la comparaison du foie des mammifères ; que ce viscère présente, dans la série des animaux de cette classe, différents degrés de complication ou de composition ; et qu'il sera facile de le décrire dans tous ces degrés, qui présentent des rapports remarquables, soit avec l'estomac, suivant qu'il est simple, compliqué ou multiple ; soit avec le régime carnassier, herbivore ou mélangé. On y verra que le nombre des lobes du foie n'indique pas, comme on l'a cru, une division, mais bien des additions à la partie principale et constante de ce viscère, et conséquemment une plus grande complication.

Je ferai encore remarquer que les rapports constants du gros intestin avec l'estomac et le duodénum, dans les animaux vertébrés dont la forme a permis cet arrangement, expliquent, à mon avis, l'excitation du mouvement péristaltique du gros intestin, au commencement de la digestion stomacale ou de la digestion duodénale, et la défécation qui s'ensuit, à l'une ou l'autre de ces deux époques.

Beaucoup de modifications organiques particulières des appareils si compliqués de préhension des aliments, de mastication, d'insalivation, de déglutition et d'ingestion ont été comparées avec détails. Il est résulté de cette revue générale, faite avec le plus grand soin, une explication plus juste et plus précise du jeu de ces appareils ou de ces organes ; une appréciation plus lucide du plan général, dont les différences si variées dans les détails, ne sont que des modifications de différents degrés, qu'il est dorénavant possible de mesurer avec précision, grâce aux progrès de la science (XXIX).

Dans peu de semaines le tome VI (XVIII) de la nouvelle édition des *Leçons* sera livré au public. Il comprendra un tableau serré et aussi complet que l'état actuel de l'anatomie comparée le permet, de la composition organique et chimique du fluide nourricier, de ses réservoirs et de ses organes d'impulsion, dans tout le *Règne animal.*

La considération de ce fluide qui constitue une des deux parties essentielles de tout organisme, sa comparaison, dis-je, faite sous le double rapport de sa composition organique et de sa composition chimique, est la première sur laquelle nous avons cru devoir attirer l'attention du lecteur.

La seconde et importante considération, est celle de *ses réservoirs.* C'est seulement après ces deux études distinctes, qu'on peut être à même d'apprécier les organes d'impulsion du fluide nourricier et ses différents mouvements, qui ne sont pas toujours une *circulation;* ce mot, dont l'acception générale est devenue inexacte par les observations, ne pouvait plus servir à désigner cette partie essentielle de la grande fonction de nutrition.

Le plan de cette division de l'ouvrage des *Leçons* ayant été élevé ainsi à la hauteur à laquelle la physiologie générale s'est placée, dans ces derniers temps, il devrait en découler naturellement, dans l'exécution des détails, un certain nombre d'améliorations correspondantes, qu'on y reconnaîtra peut-être, si nous ne nous faisons illusion sur les résultats de nos efforts.

La description générale des organes de dépuration du fluide nourricier, soit par la respiration, soit par la sécrétion urinaire, fera le sujet du tome VII du même ouvrage, qui s'imprimera immédiatement après le premier, et qui paraîtra peut-être avant la fin de ce cours, si quelque obstacle ne survient.

En attendant, on trouvera consignée dans la dissertation de M. *Lereboullet*, sur les *organes de la respiration des vertébrés*, ma manière de voir, et beaucoup d'observations nouvelles sur la structure de ces organes, résultat de recherches que nous avons faites de concert.

Je dois d'ailleurs signaler l'ensemble de ce travail, lequel appartient à ce jeune savant, qui m'a aidé assidument pendant dix années consécutives dans toutes mes recherches d'anatomie, comme un modèle de monographie anatomique. Aussi ai-je été très-heureux, lorsque j'ai appris que la justice éclairée de M. le Ministre de l'Instruction publique l'avait nommé pour me succéder à la chaire de zoologie et de physiologie générale de la faculté des sciences de Strasbourg.

L'*Anatomie microscopique des nerfs* a fait le sujet de recherches assidues de plusieurs investigateurs de la nature, on ne peut plus excercés dans ces recherches difficiles, parmi lesquels je dois vous nommer MM. *Ehrenberg*, *Valentin*, *Burdach* et *Mandl*.

Le travail de M. Valentin sur les parties constitutives du système nerveux et sur les terminaisons périphérique et centrale des nerfs, donne une idée si nette de cette partie fondamentale de l'organisme, qu'on regretterait que des observations ultérieures ne vinssent pas confirmer, en tous points, cette lucide exposition.

Le système nerveux, suivant ce savant et très-expérimenté scrutateur de la nature, est un aggrégat de filets conducteurs de la puissance nerveuse et de globules producteurs. Ces deux formations composent ensemble, ou isolément, les différentes parties du système nerveux. La substance grise du cerveau n'a que ces globules producteurs ; la blanche est un mélange, ainsi que les ganglions, de globules producteurs et de filets conducteurs, qui sont contigus, mais ne se confondent jamais.

Les filets élémentaires sont repliés sur eux-mêmes dans les parties centrales du système nerveux comme dans les parties périphériques, de manière que leur ensemble forme toujours une longue ellipse. (VIII.)

Un des résultats les plus remarquables des recherches de M. *Valentin* est que les nerfs moteurs n'ont point de terminaison périphérique, et que leur partie centrifuge rejoint, sans délimitation, leur partie centripète. M. *E. Burdach* a étendu cette observation aux nerfs sensibles de la moelle épinière. (II, t. 9.)

Persuadé que le mode de distribution des nerfs doit être différent dans chaque organe, M. *E. Burdach* a eu l'heureuse idée de le rechercher, ainsi que leur mode de terminaison, dans la langue et la membrane muqueuse qui tapisse la cavité buccale de la grenouille. Je dis l'*heureuse* idée, parce que cet organe recevant des nerfs de trois sortes d'origine, ces investigations pouvaient contribuer à décider la question sur la spécialité de leur fonction. En effet, elles lui ont démontré : 1° Que l'*hypoglosse* ne se distribue qu'à la partie musculeuse de la langue, et s'y comporte comme les nerfs des muscles ; formant, comme eux, un plexus et des anses terminales ; 2° que les rameaux de la cinquième paire qui correspondent au nerf lingual sont arrangés, ainsi que ceux de la peau, en un réseau de branches, de rameaux et de ramuscules, sans se diviser en fibres tout-à-fait isolées. (*Ibid*, p. 266.)

Enfin, ces recherches lui ont montré que le *glosso-pharyngien* se distribue uniquement dans la muqueuse, et semble s'y résoudre en filets primitifs qui y forment des anses terminales.

M. *Burdach* croit pouvoir conclure de toutes ses observations (p. 267) : 1° Que le caractère essentiel de toutes les paires de nerfs des sens consiste à former un réseau très-fin et à se résoudre dans leurs parties élémentaires les plus ténues; 2° que le caractère des nerfs qui président à la sensibilité générale, soit qu'ils appartiennent au cerveau, soit qu'ils appartiennent à la moelle épinière, consiste à former des réseaux variés, très-étendus, qui sont composés de faisceaux nerveux, et rarement de fibres primitives; 3° enfin, que le caractère essentiel des nerfs qui dirigent l'action musculaire consiste à former dans l'intérieur du muscle un plexus composé, en partie, de faisceaux forts, disposés en anses terminales, et que très-rarement ces faisceaux se résolvent en fibres primitives absolument isolées.

La théorie de la spécialité d'action des nerfs, que les premières recherches de M. *Cuvier*, faites avec M. *Duméril*, lui avaient démontrée, recherches dont les résultats ont été consignés dans le tome II de la première édition des *Leçons*, a été confirmée par un grand nombre d'observations anatomiques, parmi lesquelles nous citerons le beau travail de feu M. *Büchner*, mon élève, *sur les nerfs de l'encéphale des poissons* et leur détermination comparée. Ce travail a paru parmi les Mémoires de la Société d'Histoire naturelle de Strasbourg.

M. *Bourjot Saint-Hilaire* a montré, par un nouvel exemple, combien l'anatomie comparée offre de ressources pour confirmer ou pour infirmer cette théorie. Il a vu le *nerf facial* destiné, suivant *Charles Bell*, à produire et à coordonner les mouvements de la respiration dans les parties supérieures de l'appareil, se déplacer avec les narines du *dauphin*, et les suivre dans leur transposition pour en animer le mécanisme. (II, t. 2, pag. 255. *Rapport de M. Duméril.*)

Le nerf viscéral ou *stomato-gastrique* des animaux articulés a été étudié et décrit par M. *Brandt*, avec un soin particulier.

Les organes des sens, de la vue en particulier, merveilleusement arrangés selon les lois de la physique, sont une des plus frappantes démonstrations que les phénomènes de la vie doivent être considérés, en premier lieu, dans leurs rapports avec cette science que nous pouvons comprendre et expliquer.

Plus on étudie en effet, dans tous ses détails, l'organisation de l'œil, plus on admire combien le plan général de cette organisation est constant et conforme aux lois de la physique; plus on voit que les modifications de ce plan sont en rapport avec le milieu ou les milieux de différentes densités dans lesquels tel animal doit vivre, avec l'intensité de lumière auquel il doit être exposé, avec les distances des objets qu'il doit apercevoir.

M. le docteur *Brandt*, dans un travail récent *sur les yeux simples des animaux articulés* (II, 9), vient de démontrer que leur structure est tout aussi compliquée que celle des animaux supérieurs. Il en conclut que chaque œil simple dans les arachnides, les insectes et les autres animaux qui en sont pourvus, reçoit des impressions différentes avec lesquelles l'animal compose autant d'images. Pour vous donner une idée de la perfection des recherches à laquelle les moyens actuels que l'anatomie emploie peuvent arriver, je vous dirai que cet habile scrutateur de la nature a reconnu, dans les yeux de *mygale*, 1° une cornée transparente; 2° un crystallin sphérique ou sphéroïdal; 3° une *pupille*; 4° un corps vitré environné d'une *matière noire*; 5° une *expansion* en forme de capsule qui s'étend jusqu'à la pupille, et qui appartient au nerf optique; enfin 6° un tissu et des fibres musculaires.

Déjà M. *J. Muller* avait donné sur la structure des yeux composés des animaux articulés et sur leur vision, des détails bien précieux pour la physique des animaux, et une nouvelle théorie de leur action.

M. *Breschet* s'est plus particulièrement occupé, sur les traces des *Monro*, des *Cuvier* et des *Blainville*, de l'organe de l'*ouïe* dans les vertébrés, et plus spécialement chez les *oiseaux* et les *poissons*.

Durant le voyage de circumvagation de la *Bonite*, commandé par M. *Dumont-Durville*, voyage dont les résultats connus promettent d'être extrêmement utiles aux progrès de l'histoire naturelle, MM. *Eydoux* et *Souleyet* ont découvert dans plusieurs mollusques *Ptéropodes*, et *Gastéropodes hétéropodes*, un organe que tout annonce devoir servir à l'audition de ces animaux. M. *Gaudichaud* a constaté cette découverte sur l'animal de la *carinaire*. MM. *Pouchet* de Rouen et *Laurent* de Paris ont observé ce même organe sur des embryons de *lymnée* et de *limace*.

D'un autre côté, M. *C. T. Siebold* de Dantzig décrivait un organe analogue, qu'il a découvert enfoui dans la base du pied de plusieurs bivalves (espèces de *cyclades*). Cet organe est une petite capsule, en rapport par un filet nerveux avec un des ganglions cérébraux, et qui contient de très-petits corps crystallins, montrant à l'observateur des mouvements de vibrations fort extraordinaires.

M. le professeur *Laurent*, qui consacre à Paris, avec un zèle et un talent remarquables, comme ci-devant à Toulon, tout son temps aux progrès de l'anatomie comparée et de la physiologie générale, vient de constater ce phénomène, ainsi qu'on le verra dans le mémoire qu'il doit publier incessamment, et qui paraîtra dans les *Annales françaises et étrangères d'Anatomie et de Physiologie*, dont il est l'un des rédacteurs principaux.

L'arrivée de M. *Cuvier* à Paris, au mois d'avril 1796, fut marquée par l'un des plus beaux travaux d'anatomie comparée que la science lui doive, celui *sur le larynx inférieur des oiseaux*, et par une théorie très-logique sur la voix et le chant dans cette classe, expliquée par les modifications de toutes les parties qui entrent dans l'appareil de cette fonction.

Disons en même temps, quoique le contraire ait été souvent imprimé, que M. *Cuvier* n'avait pas appliqué sa théorie à la voix des mammifères, dont l'appareil bien différent a été décrit par lui, avec soin, dans le tome IV des *Leçons*.

Dès lors les recherches anatomiques de *Meckel* pour les *animaux*, d'Alexandre *Lauth* pour l'homme, et les travaux remarquables de M. *Savart* sur la physique de l'*audition* et de la *voix*, ont facilité les théories avancées successivement par ce savant professeur, et par MM. *Gerdy*, *Bennati*, *Cagniard-Latour*, sur la formation de la voix humaine.

Les téguments ou la peau extérieure, avec les parties accessoires qui la revêtent ou qui la doublent, offrent, dans leur structure et dans leur étude fonctionnelle, une source presque inépuisable de recherches et d'intérêt, pour la science des corps organisés en général et des animaux en particulier. En effet, cet appareil protége tout le reste de l'organisme et le met en rapport avec le monde extérieur, et surtout avec les agents physiques qui agissent d'une manière incessante sur les animaux.

Le système tégumentaire des plantes a fait l'objet d'études nouvelles, qui devront conduire, vers de nouveaux points de vue, l'anatomie et la physiologie des corps organisés. Nous distinguerons, parmi ces études, les propositions de M. *de Mirbel* sur la nature et l'origine des couches corticales et du *tissu des arbres dicotylédonés* (IV, t. 5.); les remarques de M. *Decaisne* sur le développement anormal des tiges de certains végétaux dicotylédonés, et celles postérieures sur la structure de leurs racines (I, t. 1); le travail fondamental de M. *Mohl* sur le développement du liége et du faux liége, et sur l'écorce des dicotylédonés (VIII et IV, t. 9); celui de M. *Dutrochet* sur l'accroissement des organes tégumentaires des végetaux (XIV); et les *nouvelles recherches sur la structure de l'épiderme* des végétaux, par M. A. Brongniart. (IV, t. 1.)

MM. *Breschet* et *Roussel de Vauzème* ont étudié les appareils tégumentaires dans les mammifères. Les détails extrêmement délicats de structure qu'ils en donnent feraient comprendre bien nettement les organes distincts des fonctions multiples de cet appareil compliqué. Ils sont parvenus, en effet, à le décomposer, à l'analyser en autant d'organes spéciaux pour l'exercice de chacune de ses fonctions de protection, d'absorbtion, d'exhalation, de coloration de la peau et de sensibilité.

Déjà M. *Wendt* avait publié à Breslaw, en 1833, une dissertation intéressante sur l'épiderme humain, qu'il reconnaît composé de trois couches ou de trois lames. La même dissertation mentionne la découverte faite par M. *Purkinje* des canaux spiraux sudorifères, découverte due encore aux observations de MM. *Breschet* et *Roussel de Vauzème*, faites à peu près à la même époque; que ces anatomistes ont d'ailleurs complétée par la connaissance qu'ils ont donnée des glandes de ces canaux excréteurs et de tout l'appareil diapnogène.

On doit à M. *Gurtl* un beau travail sur ces mêmes glandes, et sur les glandes sébacées de la peau, étudiées dans tous les animaux domestiques (V, 1835). Le même anatomiste a publié des recherches sur la structure des ongles et des cornes (V, 1837).

M. *Flourens* dans ses recherches sur *la peau* et les *membranes muqueuses* (XX et I, 1er sem., pag. 262), suivies avec l'ordre et la méthode analytique qu'il met dans tous ses travaux, a analysé avec succès les différentes couches qui existent entre le derme et l'épiderme extérieur, ainsi que les rapports de l'épiderme avec les poils et les ongles (I, 2me sem., pag. 843). Il a montré que le prétendu réseau de *Malpighi* est une lame continue.

M. *Gluge* (II, 9), qui a une grande habitude du microscope, a étudié la couche extérieure de la peau ou de l'épiderme dans plusieurs animaux, et celle de l'épithélium ou de la couche la plus superficielle des muqueuses. L'épiderme des *grenouilles*, ainsi que l'avait déjà vu M. *Valentin*, se compose de cellules hexagones renfermant chacune un petit globule. Le diamètre de chaque cellule est de $\frac{3-4}{100}$ de millim., et celui d'un globule de $\frac{1}{125}$ millim. L'épiderme des *sangsues* est plus simple. Ici les cellules hexagones sont remplacées par une masse granuleuse, dans laquelle se trouvent enfermés de petits globules parfaitement semblables, pour la forme et le diamètre, à ceux des animaux vertébrés.

M. le docteur *Henle* a fait un travail étendu sur l'existence, chez l'homme, d'un épithélium recouvrant non-seulement toutes les muqueuses et les parois des canaux excréteurs les plus tenus, mais encore les membranes séreuses. (XVI et V, 1838.)

M. T. L. W. *Bischoff*, professeur à Heidelberg, a publié d'intéressantes recherches *sur la structure intime de la muqueuse de l'estomac* (V, 1838), dans les quatre classes des animaux vertébrés. Ce travail important est accompagné de 37 figures, qui facilitent singulièrement les descriptions de l'auteur; lesquelles se lient non-seulement, comme il le dit, aux expériences récentes sur la digestion, mais encore à l'étude de cette peau intérieure, que l'on peut dorénavant comparer, avec plus de données, à la peau extérieure, ou au derme, dont la structure vient d'être le sujet, ainsi que nous l'avons dit, de nombreuses investigations.

Je dois encore citer ici les *observations* de M. Turpin *sur l'organisation tissulaire des sécrétions produites aux surfaces des membranes muqueuses animales*, comparées aux sécrétions muqueuses productrices et réparatrices des végétaux. Ce savant et infatigable scrutateur de la nature montre dans ce dernier travail qu'il ne perd pas un instant de vue dans ses longues et persévérantes recherches, l'origine et la composition de tous les tissus cellulaires organiques. (II, t. 7, pag. 209 215, et XIX, t. 14, 15, et 18.)

La présence des prétendus animalcules spermatiques, ou des *zoospermes*, qui caractérisent la liqueur de ce nom, a conduit M. *R. Wagner*, à reconnaître les organes mâles de la génération, dans des animaux inférieurs, où l'anatomie n'avait pu les distinguer, entre autres chez les *actinies*. Ce savant conclut de ses propres observations, et de celles de M. *Prevot* sur les *Mollusques bivalves*, de M. *Burmeister* sur les *Cirrhopodes*, de M. *Delle-Chiaje* sur les *Echinodermes*, que la duplicité des sexes paraît être une condition invariable, constante de la vie animale (II, t. 8).

M. *R. Wagner* partage l'opinion de MM. *Prevôt* et *Dumas*, de M. *Czermack* et d'autres physiologistes, que les zoospermes constituent aussi essentiellement la semence, que les globules du sang appartiennent à la composition du fluide nourricier.

M. *Dujardin* semble aussi tenir à cette opinion, en déclarant qu'il les regarde comme une dérivation des organismes qui les ont fournis. Il y persiste même après l'observation remarquable d'une apparence de complication organique que lui ont présentée les zoospermes de la *salamandre aquatique* (I, t, 1).

M. *Mohl* (IV, f. 3) a su donner un nouvel intérêt à l'étude de la forme et de la structure des grains de pollen, malgré les travaux de ses prédécesseurs dans cette carrière, parmi lesquels ceux de M. *A. Brongniart* méritent surtout d'être distingués.

L'*ovologie*, ou l'étude de l'œuf, a été poussée fort loin, depuis vingt-cinq ans dans le *Règne végétal*, comme dans le *Règne animal*. Mais la facilité de cette étude dans le règne végétal, lui avait fait faire des progrès plus rapides.

Ces recherches ont un vif intérêt, en ce qu'elles conduisent à découvrir les premières traces de l'évolution du germe dans l'ovaire; le nombre, la composition de ses enveloppes protectrices ou nourricières; les poches qu'elles forment; les humeurs ou les substances nutritives qu'elles renferment; en ce qu'elles tendent à démontrer les rapports vasculaires entre l'embryon et les autres parties de l'œuf, entre celles-ci et la mère.

De nombreuses et persévérantes investigations ont été entreprises, à ce sujet, et continuées avec plus ou moins de succès, dans ces derniers temps, par plusieurs anatomistes de la France, de l'Allemagne, et de l'Angleterre.

Nous rappellerons seulement, parmi celles concernant l'ovaire et l'ovule des végétaux, l'ancien travail de M. TURPIN *sur l'organe par lequel le fluide fécondant peut s'introduire dans l'ovule des végétaux* (XXII, t. 7) ; le mémoire fondamental de M. AUGUSTE SAINT-HILAIRE sur les *Plantes auxquelles on attribue un placenta central libre* (XX, t. 2, p. 40) ; les *nouvelles et importantes recherches* de M. MIRBEL *sur l'ovule* (XXIII) ; et le mémoire de M. DUTROCHET où il traite de l'*Embryologie* (XIV).

L'œuf humain a été particulièrement étudié par M VELPEAU (XXIV) ; la membrane caduque par M. BRESCHET dans l'*homme* et les *mammifères* (XXIV, t. 26 et 27, pag. 210) ; par M. BURDACH, les parties analogues à l'enveloppe extérieure que la mère ajoute à l'œuf, déjà revêtu d'une membrane testacée ou d'une coquille, pour opérer ou favoriser son incubation, et que ce savant désigne sous le nom générique de *nidamentum* (XXIV, t. 27, p. 311).

On doit aux travaux de M. *Dutrochet*, qui datent de 1813, les premières démonstrations de l'analogie qui existe entre l'œuf des mammifères et celui des ovipares; analogies que les recherches ultérieures de M. *Cuvier*, faites comme rapporteur du mémoire de M. *Dutrochet* à l'Académie des Sciences, démontrèrent d'une manière encore plus évidente.

Les *Recherches de* M. FLOURENS, *sur le cordon ombilical* et *sur sa continuité avec le fœtus* (XXI), dans les mammifères, les oiseaux et les poissons, fournissent de nouvelles démonstrations de cette continuité entre le fœtus et les membranes de l'œuf, et montrent les différences qui existent, à cet égard, entre ces trois classes. Elles confirment d'ailleurs plusieurs points de doctrine établis par M. Cuvier dans le travail que nous venons de citer.

M. *R. Wagner* a étendu à toutes les classes du règne animal ses curieuses investigations d'ovologie et d'embryogénie. Il en est résulté, pour ce scrutateur infatigable de la nature, la conviction que le germe préexiste dans l'ovaire (II, t. 8, et 10), bien avant la fécondation, qui n'est selon ce physiologiste qu'une excitation pour en déterminer le développement. Ce germe ou cet œuf primitif, observé pendant son séjour dans l'ovaire, est constamment composé : 1° d'une enveloppe extérieure ou d'une coque, sorte de chorion originel ou primitif ; 2° d'une partie moyenne, ou d'un méso-germe, formé d'éléments divers dans les diverses espèces, mais analogues ; 3° d'*une vésicule*, la vésicule de *Purkins*, qu'il appelle germinative, dont les parois membraneuses sont très-déliées et transparentes, et renferment une matière semblable au blanc d'œuf ; 4° en dedans de cette vésicule s'observe une ou plusieurs taches grenues, que M. *Wagner* désigne sous le nom de *stratum germinativum*, ou de couche primitive, et que les physiologistes appellent, depuis cette découverte, *macula Wagneri*. L'existence de ces deux dernières parties, qui sont les plus essentielles de l'œuf primitif, a été constatée dans toutes les classes inférieures, celles des *animalcules* exceptées.

M. *Wagner* a eu l'heureuse idée de suivre l'apparition successive du dedans au dehors, de la couche du germe et de la vésicule, puis du vitellus, enfin du chorion et d'une pellicule, dans les *Insectes*, dont les ovaires côniques, ayant leur sommet filiforme, délié, montrent, depuis le sommet si étroit de chacun des tubes de ces ovaires, jusqu'à leur partie la plus large, ces différents degrés de développement.

Nouvel exemple du haut intérêt que présente la comparaison de toutes les formes organiques, pour découvrir tous les points, toutes les circonstances de structure propres à éclairer les phénomènes de la vie, même les plus mystérieux.

Les membranes de l'œuf des mammifères, et plus particulièrement celles du *lapin* et de la *brebis*, ont été étudiées, avec succès, par M. *Coste* dans leurs premiers développements, depuis l'ovaire jusqu'à l'établissement des placentas (XXXVI).

M. *Martin Saint-Ange* (II, t. 5) les a observées après cette époque. Il a fait sur les villosités du chorion des mammifères des recherches qui lui ont valu une médaille *Monthyon*. L'auteur démontre surabondamment, dans ce travail, que ces villosités sont vasculaires. Cependant il n'a jamais pu faire passer d'injections de la mère au fœtus, ni du fœtus à la mère. D'un autre côté, M. *Flourens* pense être à même d'établir, par une suite de préparations, que cette communication a lieu dans les espèces à placenta unique (XX, 1836, 1re sem. p. 65). On doit à M. *Eschricht* un mémoire sur le même sujet (XXXII). MM. *Breschet* et *Gluge* comparent les villosités du chorion, à des villosités intestinales qui seraient ramifiées (II, t. 8).

Remarquons, avec M. *Owen*, que les vaisseaux ombilicaux, dans les *marsupiaux*, ne percent pas l'écorce de l'œuf, ou le chorion, pour aller chercher la nourriture du fœtus à la surface de l'œuf, comme dans les mammifères; mais que leur développement s'arrête en dedans de cette enveloppe; et rappelons que c'est un des caractères différentiels que M. *Cuvier* a démontrés, l'un des premiers, entre l'œuf des vivipares et celui des ovipares. (XXII, t. 3).

On entend par développement ou par évolution, dans cette partie de l'histoire naturelle qu'on appelle *Embryogénie* et *Embryologie*, l'ordre d'apparition successive des organes qui doivent composer l'ensemble de chaque organisme; les métamorphoses qu'ils paraissent subir; leurs changements de proportions, de forme et de position, jusqu'à ce qu'ils aient pris celles que présente l'individu à l'issue de sa vie fœtale, et au commencement de son existence dépendante du monde extérieur. Ce mot de développement est exact pour le système de la préexistence des germes; ce serait plutôt un enveloppement suivant le système de l'épigenèse et de la formation par rapprochement centripète des matériaux de tous les organes de l'embryon.

Ces recherches ont été faites sur toutes les classes des animaux vertébrés, mais plus particulièrement sur les ovipares. On connaît celles de *Haller* sur le développement du *poulet*, qui ont tant contribué à la célébrité de ce père de la physiologie ; celles de *Spallanzani* sur les grenouilles ; celles plus récentes de MM. *Bœer* et *Rathke* sur les mammifères, les oiseaux et les poissons ; de *Tiedemann* sur les tortues ; de *Rusconi* sur les salamandres et les poissons, auxquelles il faut joindre les travaux de *Dugès* et de M. *Martin Saint-Ange*, sur les métamorphoses des grenouilles et des salamandres. M. le docteur *C.-B. Reichert* a fait paraître cette année, sur le même sujet intéressant, l'histoire comparée du développement de la tête des amphibies nus ou des *Batraciens*, à laquelle il a annexé un traité sur les *lois* de composition de la tête dans tous les animaux vertébrés en général, et ses principales modifications dans chacune des classes de ce type (XXX).

M. *Rathke*, dans un traité sur l'évolution de l'*écrevisse*, et dans un autre plus récent, sur celui de l'*aselle d'eau douce ;* M. *Hérold*, dans un travail analogue *sur les araignées*, avaient montré tout l'intérêt de ces recherches étendues aux animaux articulés, et les ressources infinies qu'on peut tirer de cette étude pour avancer la physiologie générale.

Le premier les a suivies sur beaucoup de *crustacés*, sur le *scorpion*, parmi les arachnides, et, parmi les zoophytes, sur les *actinies*. Il en a publié les résultats en 1837 (XXXI). Le dernier vient de faire paraître un ouvrage fondamental *sur la formation de l'embryon* des *insectes dans l'œuf* (XXV).

Le type des mollusques dont les œufs, souvent transparents, permettent les observations les plus délicates, sans nuire à la marche normale du développement de l'embryon, été le sujet de nombreuses recherches de MM. *Cuvier* et *Dugès* pour les *Céphalopodes ;* de MM. *Dumortier*, *Laurent*, *de Quatrefages*, *Van Beneden* et *Vindischmann*, etc., pour les *Gastéropodes*.

Dans un mémoire sur l'Embryogénie des *Mollusques gastéropodes*, M. *Dumortier* a décrit, avec détails, les changements qui se passent, jour par jour, dans l'embryon des *lymnées*, peut-être avec trop de préoccupations théoriques (II, t. 8).

M. *A. de Quatrefages*, autrefois l'un de mes élèves les plus assidus et les plus intelligents, a fait des observations sur les *planorbes* et les *lymnées*, qui confirment pour les mollusques, l'apparition première du système nerveux. Ce sont les ganglions œsophagiens qui se voient d'abord; ils servent de base au développement de l'être entier.

Encore ici la détermination de la forme est bien antérieure à la texture et à la composition apparente des organes; ce fait est une confirmation d'une des lois de formation de *Meckel*. Le tube digestif paraît se composer primitivement de plusieurs pièces qui se joignent bout à bout, et non par l'enroulement, ni par l'accollement des feuillets.

Les observations sur la vie *intra-branchiale* des *anodontes*, du même naturaliste, confirment celles faites précédemment sur les *lymnées* et les *planorbes*. Un germe primitif composé de globules se développe du centre à la circonférence. Cet observateur zélé a vu encore, dans ce cas, la forme précéder la structure, et le canal intestinal se constituer de plusieurs parties d'abord isolées, mais entières et non divisées par moitiés latérales.

Tels sont seulement quelques-uns des traits, je vous prie de le remarquer, qui pourront vous donner une idée des détails immenses dont se compose, dans son état actuel, la science de l'organisation en général, et plus particulièrement celle de l'organisation animale.

Que serait-ce, si j'avais eu le temps de terminer cette esquisse; si j'avais entrepris de vous faire connaître les traités généraux d'anatomie, tels que celui de Meckel, dont la mort prématurée a laissé malheureusement cet ouvrage très-incomplet (XI); et celui de M. Delle-Chiaje sur les *Animaux sans vertèbres* (XXXVII). Si j'avais pu vous parler, d'une manière circonstanciée, des *Monographies* sur tel ou tel appareil, de celle entre autres de M. *J. Müller*, sur la verge des oiseaux brévipennes et autres, et de la découverte d'un tissu élastique que renferme cet organe (XXXIII); d'un mémoire très-important de M. *M.-C. Verloren*, sur les organes de la génération dans les *Gastéropodes pulmonés* (XXXIV), qui a remporté, en 1837, le prix proposé sur cette question, par l'Académie de Leyde; si j'avais pu vous présenter une analyse des traités spéciaux sur l'un ou l'autre système d'organes, tels que celui de Fohmann sur l'*anatomie du système lymphatique des poissons;* celui de M. Panizza sur le *système lymphatique des reptiles;* le mémoire *ex-professo*, de M. le docteur *Gerdy* sur la structure des os (XXXVIII); celui de M. Leuret sur l'*anatomie comparée du système nerveux considéré dans ses rapports avec l'intelligence*, etc. etc. Au reste, ce dernier traité étant encore physiologique, comme l'indique la seconde partie de son titre, nous aurons l'occasion d'y revenir dans le paragraphe suivant, où nous vous parlerons de l'organisation en action.

Cette partie *Biographique,* ou l'*Esquisse des phénomènes de la vie*, qui doit suivre la partie *Organographique ou la connaissance des instruments qui les produisent,* complétera notre esquisse *physiologique.* Ce sera l'objet de la leçon suivante, ainsi que l'esquisse concernant la *Philosophie* ou la partie *spéculative* de la science. Nous terminerons cette introduction historique par un aperçu des progrès de l'histoire naturelle sous le rapport *Systématique*, ou des principes de classification des êtres organisés.

La leçon d'aujourd'hui vous fera comprendre, si je dois être effrayé de la tâche immense qui m'est imposée, et combien j'aurai besoin de votre indulgence pour me soutenir et m'encourager dans les efforts que je devrai faire, afin de remplir utilement cette tâche difficile!

DEUXIÈME LEÇON

(du 7 décembre 1838).

§ 2. *Physiologie proprement dite, ou Biographie.*

Si nous passons de cette esquisse des derniers progrès de la science dans la connaissance de l'organisation, à ceux qu'elle a faits dans l'explication du jeu des instruments de la vie, ou des phénomènes que produisent les différents rouages qui composent les organismes, nous aurons de même à vous signaler des résultats bien remarquables.

Nous suivrons, dans cet exposé rapide, l'ordre des trois grandes fonctions de *relations*, de *nutrition*, et de *génération*, c'est-à-dire de ces trois modifications principales, sous lesquelles les phénomènes particuliers, dont l'ensemble compose le grand phénomène de la vie, viennent se grouper. Nous commencerons par les *fonctions de relations*, qui se sous-divisent en deux autres, la fonction générale de sensibilité et celle de motilité ; la première appartient exclusivement, la dernière plus particulièrement aux animaux.

L'ouvrage concernant l'anatomie et la physiologie du système nerveux dont M. *Leuret* vient de mettre au jour la première partie, et sur lequel je vous ai dit, en terminant ma première leçon, que j'aurais l'occasion de revenir, sera, à en juger par ce qui a paru, un résumé très-utile de toutes les circonstances organiques appréciables concernant ce système, mises en regard du genre de vie, ou des actions les plus caractéristiques des animaux. L'auteur a exposé celles-ci, comme il l'avait fait pour les circonstances organiques, en suivant l'ordre des types et des classes. Chaque chapitre est terminé par un petit nombre de propositions, déduites rigoureusement de l'observation et d'une discussion logique. Il est à regretter que l'auteur ait embarrassé sa marche en s'écartant de la *méthode naturelle de classification de* Cuvier, et en comprenant les vers intestinaux parmi les articulés. Il en est résulté qu'il n'a pu rien dire de général sur ce type, qu'en citant chaque fois les intestinaux comme faisant exception. C'était cependant la meilleure indication pour comprendre qu'ils ne devaient pas faire partie de cet embranchement, malgré quelques ressemblances de forme, auxquelles on a donné trop d'importance.

On trouve d'ailleurs, dans cet ouvrage, une analyse critique de ce que l'on sait : 1° sur les différents arrangements du système nerveux dans tous les animaux où il existe ; 2° sur la *détermination*, ou, comme on a pris l'habitude de s'exprimer, sur la *signification* des différentes parties de ce système ; détermination nécessaire pour pouvoir en faire une juste comparaison dans tous les ornismes où elles sont apparentes ; 3° enfin, la structure intime des nerfs et des ganglions médullaires est exposée, dans ce travail, d'après les propres observations de l'auteur, pour la plupart.

Cette partie organographique est ensuite mise en regard des actions des animaux, afin de montrer les rapports de toutes les circonstances organiques appréciables du système nerveux, avec l'instinct et l'intelligence.

Dans ce *chapitre* difficile de la science de la vie, où le monde visible touche au monde invisible, l'ouvrage de M. *Leuret*, comme tous ceux où l'on a tenté de traiter ce sujet obscur, ne pouvait être complet ; je veux dire qu'il laisse de même une lacune infranchissable entre le monde matériel, entre l'organisation la plus déliée, telle que l'observe l'œil le plus exercé, armé de nos microscopes perfectionnés, entre cette organisation enfin mise en jeu par des fluides impondérables, et les phénomènes de la pensée, et le principe des actions spontanées.

Mais hâtons d'ajouter que l'auteur a le bon esprit de reconnaître cette lacune, et de distinguer avec soin les phénomènes psychiques de la vie, de ses phénomènes matériels.

Si les amis de la science dont j'esquisse en ce moment quelques traits, doivent regretter, à jamais, la mort inattendue de M. *Frédéric Cuvier*, qui avait su, par ses importants travaux en *zoologie*, se faire un nom à côté de celui de son illustre frère, c'est surtout pour avoir laissé inédits les résultats de ses observations nombreuses, de ses recherches persévérantes, journalières, pendant plus de trente années consécutives, de ses profondes méditations sur *l'intelligence et l'instinct des animaux*. Ces deux facultés confondues, mal caractérisées dans beaucoup d'ouvrages, même les plus récents, sont décrites et distinguées avec soin, les phénomènes qui les caractérisent sont expliqués avec lucidité, dans tous les fragments que ce penseur profond nous a laissés sur cette matière difficile. Je vous recommande, entre autres, la lecture de l'article *Instinct* du *Dictionnaire des Sciences naturelles*, et ses mémoires sur l'*Instinct et la Sociabilité et sur la Domesticité des mammifères.*

Je signale encore à votre attention, comme une lecture à la fois agréable et instructive, les nombreuses et éloquentes descriptions que renferme l'*Histoire naturelle des Mammifères* par MM. *Geoffroy Saint-Hilaire* et *F. Cuvier*, dont ce dernier a fait la presque totalité des articles. Vous y verrez sa pensée toujours ramenée vers les généralités de la science, vers ce qu'elle a de plus relevé, vers cette partie instinctive et intellectuelle de l'animal dont il fait l'histoire.

L'instinct est ce moteur inconnu, incompréhensible, qui pousse les animaux dans un sens et jamais dans un autre ; cette volonté enchaînée à une série d'idées innées, qui caractérisent tous les individus d'une même espèce, toutes les générations qui se succèdent, de manière à leur faire répéter constamment les mêmes actions dans des circonstances semblables. C'est une faculté intellectuelle indélébile, que possède chaque animal, qui se montre en lui sans expérience préalable, que l'exercice et l'expérience ne peuvent d'ailleurs modifier, ne peuvent surtout perfectionner, comme cela a lieu pour la mémoire, l'imagination et le jugement. L'instinct, qui préside exclusivement à toutes les actions des animaux inférieurs, qui se mêle à toutes celles des animaux supérieurs, auxquels on ne peut manquer de reconnaître d'autres facultés intellectuelles, l'instinct en fait des êtres contingents et non des êtres libres.

C'est l'instinct qui commande à un essaim d'*abeilles* ces actions compliquées, si admirables dans leur but commun, soit pour la conservation des individus, soit pour la durée de l'espèce, actions qui supposeraient, dans un être libre, beaucoup d'expérience, de mémoire et de jugement. Cependant les abeilles des temps historiques les plus reculés, celles qu'a chantées *Virgile* il y a près de deux mille ans, agissaient absolument comme les abeilles de notre époque; il ne s'est fait aucune révolution dans leur monarchie féminine, qui en ait bouleversé, changé ou seulement modifié la constitution, arrêtée dès l'origine des temps. Nous sommes forcés de remonter ainsi, de génération en génération, jusqu'à la première abeille, qui a reçu immédiatement de la Toute-Puissance Créatrice cet admirable instinct, ce moteur intellectuel. Il commande et dirige toutes les actions de son espèce, depuis que les premiers individus sont sortis des mains du Créateur.

Telles seront, à peu près, les idées que vous pourrez puiser dans la lecture des fragments publiés par M. *F. Cuvier* sur cette étude difficile de l'histoire des êtres animés, fragments qui font vivement désirer que ses manuscrits sur un sujet d'un si haut intérêt soient incessamment publiés.

Après la théorie sur la distinction des nerfs sensibles et des nerfs moteurs, démontrée au moyen d'expériences curieuses, et de quelques observations pathologiques, en France et en Angleterre, par MM. *Magendie* et *C. Bell*, théorie à laquelle ce dernier anatomiste a bientôt ajouté celle des nerfs *respirateurs*, il semblait difficile de rien découvrir, sur les fonctions du système nerveux, qui égalât en importance cette ingénieuse distinction.

M. *Marschal-Hall* cependant a su, à notre avis, faire faire un progrès bien précieux à la physiologie par une nouvelle analyse des fonctions des nerfs, qu'il distingue encore en nerfs *excito-moteurs*. De ceux-ci, les uns portent au centre spinal les excitations extérieures ou intérieures; excitations qui sont réfléchies de ce centre par les nerfs moteurs, sans que le moi en ait la conscience. Cette nouvelle théorie de tous les mouvements involontaires, produits par l'action réfléchie des nerfs excito-moteurs, conduira, nous avons lieu de l'espérer, à l'intelligence et à une bonne classification des mouvements que les animaux inférieurs manifestent. Elle fera comprendre que, lorsqu'il n'y a pas de nerfs apparents, ou que le centre cérébral manque, soit pour communiquer au moi les impressions de toute espèce du système nerveux, soit pour faire irradier sa volonté sur tous les points de l'organisme, où ses commandements peuvent arriver; que lorsqu'il n'y a qu'un centre spinal ou son analogue, ou des renflements médullaires multiples, dispersés, avec des filets correspondants, sans que le système nerveux ait évidemment un centre d'actions et d'impressions, il pourrait bien n'y avoir dans l'animalité que des actions automatiques.

L'électricité joue un grand rôle, on ne peut en douter, dans les phénomènes de la vie, soit comme cause excitatrice des propriétés vitales, soit comme faisant partie du mécanisme par lequel se manifestent ces propriétés, et plus particulièrement la contractilité musculaire.

M. le docteur *Prévost*, de Genève, a réussi à *aimanter* des aiguilles de fer doux très-fines, en les plaçant très-près des nerfs qui vont aux muscles, perpendiculairement à la direction dans laquelle il supposait que le courant électrique devait y cheminer. L'aimantation a eu lieu au moment où, en irritant la moelle épinière, on détermine dans l'animal une contraction musculaire.

Cet ingénieux expérimentateur compare chaque fibre musculaire à un petit aimant à charnière flexible, dont les diverses parties tendent à s'attirer les unes les autres (III, 1837). Si ces expériences se confirment, elles conduiront peut-être à une théorie de l'influence nerveuse sur la contractilité musculaire. M. *Cuvier*, dans les généralités qu'il a mises en tête de son *Règne animal*, compare cette influence nerveuse à la puissance de la vapeur : cette comparaison en fait du moins comprendre toute l'énergie.

Les poissons électriques et leurs effets étonnants sont connus depuis long-temps; on a comparé les commotions qu'ils produisent à l'impression de la bouteille de Leyde. L'organe particulier au moyen duquel le poisson a la faculté de donner les commotions, a été décrit avec soin, ainsi que les nerfs nombreux qu'il reçoit (XXVII); mais on n'était pas parvenu, jusqu'à MM. Linari et Mateucci, à en tirer facilement des étincelles électriques. Ces physiciens les ont obtenues de la *torpille*, et ce dernier a montré qu'en définitive cette action électrique était due à une influence de l'encéphale, particulièrement du cervelet (II, t. 8, pag. 199). MM. *Becquerel* et *Breschet*, et plus particulièrement le premier académicien, avaient mis sur la voie, en montrant la méthode à suivre pour reconnaître l'électricité dans le phénomène de la commotion que possède la torpille, et par les résultats qu'ils avaient obtenus (XXI, 2me sem. et XX, *id*).

Un des phénomènes de motilité des plus intéressants, est le mouvement vibratoire extraordinairement rapide que montrent certains animaux inférieurs, soit à l'état parfait, comme les *animalcules rotateurs*, soit à l'état d'embryon, comme beaucoup de *mollusques*, soit à la surface des enveloppes de l'œuf, comme les *éponges* et les *gorgones*.

Chez les *animalcules rotateurs*, ce phénomène paraît produit bien évidemment, dans beaucoup de cas, par des cils extérieurs groupés avec régularité, dont les mouvements rapides et vibratoires montrent l'apparence d'une ou plusieurs roues qui tournent.

Ce sont encore des cils vibratiles qui donnent aux œufs des *éponges* et des *gorgones*, observés et décrits par M. *Grant*, une faculté locomotrice d'autant plus remarquable dans ces œufs, qu'elle est refusée à l'animal qui doit en éclore.

Les germes de vers intestinaux seraient dans le même cas, si l'on en juge par une observation faite par M. *Dujardin* sur un embryon de douve.

On doit encore rapporter à ce phénomène le mouvement de rotation de l'embryon des mollusques dans l'œuf, observé déjà par *Swammerdam* et *Leuwenhoek*, et, en dernier lieu, par M. *Lund* et *Jacquemin*.

Steinbuch a vu des mouvements vibratoires dans les larves de salamandres; M. *Sharpers* dans les branchies des têtards; *Lister*,

Poli, MM. *Huschké*, *J. Muller*, *Carus*, *Raspail*, dans les branchies ou les franges du manteau de plusieurs mollusques acéphales.

Ces observations assez nombreuses, quoiqu'isolées et partielles, étaient cependant bien loin de donner une idée de la généralité de ce phénomène. MM. *Purkinje* et *Valentin*, qui ont eu le bonheur de le découvrir dans les trois classes supérieures des animaux vertébrés, au moyen du microscope et avec un pouvoir grossissant de trois à quatre cents diamètres, annoncent que c'est un des plus beaux que présente la nature organisée. Il se montre particulièrement dans les voies aériennes et dans les organes femelles des mammifères, des oiseaux et des reptiles. Il paraît produit de même par des cils; dans la plupart des cas, il suit une direction déterminée, et l'imprime à des courants du liquide dans lequel l'organe est plongé pour cette observation délicate. Enfin, il a pour caractère de se continuer encore après la mort, un nombre variable d'heures, suivant les organes, les individus et les espèces.

Est-ce pour la sécrétion, ou pour débarrasser les surfaces des muqueuses des humeurs sécrétées, que ces mouvements ont lieu; en un mot, pour déterminer l'agitation et la progression de tout ce qui arrive à leur surface? Il est remarquable que, dans les animaux supérieurs, ils se manifestent surtout dans les muqueuses des voies de la respiration et de la génération; et qu'ils sont locomoteurs pour beaucoup d'animaux inférieurs.

A ce sujet M. *Donné* a présenté à l'Académie des Sciences une intéressante observation: ce savant a vu le mouvement vibratoire sur une membrane muqueuse provenant d'un polype du nez, durer trente heures. Au bout de sept à huit heures, l'épithélium de cette membrane a commencé à se désagréger, à se diviser en particules pyriformes, ayant $\frac{1}{40}$ de millim. en longueur et $\frac{1}{100}$ de millim. en largeur à leur partie renflée. C'est sur cette dernière partie qu'étaient attachés les cils vibratoires; l'autre se terminait en queue. On avait alors sous les yeux de véritables monades, se mouvant dans le liquide et agitant leurs cils avec une grande rapidité.

L'esprit se perd en conjectures à la suite des faits mystérieux que reconnaissent ainsi de zélés scrutateurs de la nature, armés du microscope, ce nouveau talisman de la science.

Les expériences sur la digestion artificielle, dont *Spallanzani* avait démontré la possibilité, ont été reprises par M. *Eberle* à Wurtzbourg (XII); par M. *Muller* et *Schwan* (V, 1836) à Berlin; et par MM. *Purkinje* et *Pappenheim* à Breslau (V, 1838, p. 1). *Spallanzani* s'était contenté de recueillir du suc gastrique pris dans l'estomac de plusieurs animaux, et d'exposer diverses substances alimentaires à son action chymifiante, sous l'influence de la même température que les animaux d'où il provenait. MM. *Eberle* d'abord, ensuite, et à son imitation, MM. *Muller* et *Schwan* sont parvenus à composer un suc gastrique, dont l'action chymifiante égale le suc gastrique naturel, en faisant sécher, puis dissoudre dans l'eau chaude, une membrane muqueuse quelconque, prise dans un estomac ou ailleurs, même dans la vessie urinaire, et en ajoutant à cette dissolution une certaine quantité d'acide acétique, ou une moindre proportion d'acide hydrochlorique.

MM. *Purkinje* et *Pappenheim* ne font pas même cette addition; ils produisent cet acide par l'action de la pile galvanique sur la dissolution de la muqueuse.

M. *Flourens* a étudié de nouveau les phénomènes mécaniques de la *rumination*, et a cherché à en donner une explication à la fois plus exacte et plus précise que celle adoptée jusqu'à cet habile expérimentateur (II, t. 8).

La respiration des animaux supérieurs a été étudiée de nouveau, tant sous le rapport de ses phénomènes chimiques, que sous celui de ses phénomènes mécaniques.

Quant aux premiers, après les beaux travaux de MM. *Dulong* et *Despretz*, sur la respiration comme source principale de la chaleur animale, on doit citer les expériences faites successivement par MM. *Hoffmann*, *Magnus*, *J. Muller*, et tout récemment par MM. *Mitscherlich*, *Gmélin* et *Tiedemann*.

Ces trois derniers savants viennent de proposer une nouvelle explication des phénomènes chimiques de la respiration, et plus particulièrement sur la présence de l'acide carbonique dans le sang.

Dans leur opinion, le fluide nourricier des animaux à sang rouge et chaud, ne contient pas d'acide carbonique libre, mais cet acide combiné. Le sang veineux en contient plus que l'artériel, dans le rapport de trois à deux. Durant la respiration l'oxygène de l'air se combine, en partie, avec le carbone et l'hydrogène, et forme de l'acide carbonique et de l'eau. Une autre partie se combine avec les substances organiques, et forme de l'acide acétique et de l'acide lactique. Ces acides décomposent une partie du carbonate de soude du sang, et ils dégagent l'acide carbonique, qui passe dans les voies aériennes des poumons. L'acétate de soude s'exhale par les reins et la peau; il est remplacé à mesure par l'acide carbonique.

Les *phénomènes mécaniques* de la *respiration* ont été expliqués avec succès, dans les poissons, par M. *Flourens*, dont les expériences ont démontré la nécessité du poids de l'eau, pour le déploiement des séries de lames branchiales et l'écartement des lames qui composent ces séries (XXIV, t. 20).

Les mêmes phénomènes ont été étudiés dans les *crustacés décapodes* par MM. *Audouin* et *Edwards* d'abord, puis plus spécialement par ce dernier savant. L'explication de ces phénomènes, due à M. *Milne-Edwards*, nous paraît une démonstration à la fois plus explicite et plus précise de ce qu'avait publié M. *Cuvier*, dès 1805, sur la direction de l'eau servant à la respiration, dans ces animaux, et sur l'emploi des plaques branchiales tenant aux pieds-mâchoires (XXXV).

Le mouvement du fluide nourricier dans les végétaux, comme dans les animaux, a été soumis à de nouvelles investigations dont les résultats sont du plus haut intérêt. Au moyen d'un instrument imaginé par M. *Poiseuille*, on peut calculer, par millimètres, le degré de *pression* que la colonne de sang chassé par le cœur exerce contre les parois dilatables et élastiques des artères.

Le phénomène le plus curieux que présente le fluide nourricier, phénomène jusqu'ici inexpliqué, est celui des courants réguliers qu'il montre, dans la cavité viscérale des insectes; ces courants ont lieu sans parois vasculaires qui les détermineraient, qui les dirigeraient.

Des courants analogues se remarquent dans le règne végétal. Ils ont excité l'attention d'observateurs nombreux, exercés; parmi lesquels il faut compter MM. *Amici* et *Dutrochet*. Arrêtons-nous quelques instants à exposer ce phénomène.

Les physiologistes ont observé dans les plantes, comme dans les animaux inférieurs, deux sortes de mouvements du fluide nourricier. L'un a lieu dans une cellule ou un tube clos de toutes parts; c'est un courant, ou mouvement de rotation, qui s'observe dans les globules du fluide qui remplit la cellule ou le tube, et qui suit les parois de cette cavité en revenant au point d'où il est parti. Découvert par *Corti*, dès 1774, constaté par *Fontana* en 1776, il a été revu par *Treviranus* en 1807, par *Amici* en 1818, et par M. *R. Brown*. Plus récemment MM. *Slack*, *Ponchet* et *Meyer*, l'ont observé dans des plantes de familles très-différentes.

Une autre circulation est celle découverte par M. *Schulze* dans le latex de certains végétaux. Ce liquide se trouve enfermé dans un système de vaisseaux ou de canaux continus, ramifiés et anastomosés dont l'ensemble compose un réseau; de manière que le fluide qui s'y meut peut arriver au même point par différentes voies, s'y mouvoir en différents sens, et y suivre des directions opposées. C'est ce mouvement que l'auteur qui l'a découvert appelle *cyclose*, quoiqu'il soit loin de dessiner un cercle.

Le *courant rotatoire* a été étudié l'année dernière par M. *Dutrochet* dans le *chara fragilis*, Desv: dans le but de chercher à découvrir le mécanisme et la cause de ce singulier phénomène. Le savant investigateur l'a soumis aux différentes influences de la température, de la lumière, de l'air atmosphérique, des agents mécaniques, des lésions organiques, des agents chimiques et de l'électricité; dans ces derniers essais M. *Dutrochet* s'est associé son collègue à l'Académie, M. *Becquerel*.

Nous aurons soin de vous faire connaître en détail ces curieuses expériences, desquelles l'observateur ingénieux a su tirer les conclusions les plus générales sur les propriétés vitales des végétaux. Suivant lui, la force motrice qui détermine ces courants rotatoires, est une *force vitale* dont la nature est inconnue. Elle est excitée directement : 1° par la température extérieure dans certaines limites; 2° par l'eau; 3° par l'air atmosphérique; 4° par la lumière. Tous les autres agents extérieurs tendent à diminuer ou à abolir par leur influence cette force vitale; mais elle augmente d'énergie par l'influence de ces causes qui tendent à l'abolir, lorsqu'elles ne sont pas assez fortes pour l'arrêter; cet accroissement de la force vitale continue jusqu'à ce qu'elle se trouve en équilibre avec l'influence de l'agent extérieur.

C'est ainsi que l'observateur profond nous fait remonter à cette réaction, à cette excitation indirecte par les sédatifs, qui joue un si grand rôle dans les phénomènes normaux ou anormaux de la vie animale; et qu'il nous montre que la vie végétale est également soumise à cette *loi*, ou à ce grand phénomène inexpliqué de la vie et de l'organisation en action. Outre l'extension qu'il lui donne, en le rendant commun à tous les êtres organisés, M. *Dutrochet* semble avoir fait faire à la science de la vie un pas en avant, en donnant une explication de cette réaction, qu'il montre comme une tendance de cette force vitale à l'équilibre, contre toutes les influences des agents extérieurs dont les effets détruiraient cet équilibre.

La chaleur animale et ses différents degrés, ses rapports avec la circulation et la respiration, et sa dépendance plus ou moins prononcée de la température du milieu dans lequel l'animal est plongé, est un des problèmes les plus intéressants de la vie.

MM. *Becquerel* et *Breschet* ont fait, sur la température des différentes parties du corps, des liquides et des tissus animaux, de nombreuses expériences, dont les résultats sont consignés dans les Comptes Rendus de l'Académie des Sciences, etc.

MM. *Eydoux* et *Souleyet*, embarqués sur *la Bonite*, ont fourni une belle série d'expériences qui confirment les résultats obtenus par d'autres expérimentateurs (II, t. 9), que la température de l'homme varie peu, malgré de grandes différences dans la température extérieure. Ainsi une température de 0° centigrade au cap *Horn*, et de 4° sur les bords du *Gange*, près de *Calcuta*, n'a fait varier que de 1° la température des matelots sujets de ces observations. L'indépendance de la température extérieure n'est pas moins remarquable dans les oiseaux, qui ont montré constamment, au thermomètre centigrade, de 38 à 40° de température, lorsque l'air extérieur ne faisait monter le thermomètre, qu'à 4°,4; 7°,1, et 13°,5, ou à des degrés plus élevés.

Des expériences non moins concluantes, sur l'indépendance de la température des animaux à sang chaud, de celle du milieu dans lequel ils vivent, avaient été faites par les voyageurs anglais et américains au *pôle nord*. Dans ces latitudes glacées, où ils ont supporté un froid de 30 à 40° centigrades au-dessous de zéro, les oiseaux qui peuvent y vivre conservent une température de 38 à 40° centigrades. Voilà donc une différence d'environ 80° au-dessus de la température extérieure.

Des expériences faites sur plusieurs *requins* ont montré à MM. *Eydoux* et *Souleyet*, que la température des animaux à sang froid, celle des poissons du moins, peut être élevée de plusieurs degrés au-dessus du milieu dans lequel ils vivent.

M. *J. David* l'avait déjà trouvée d'un degré au moins au-dessus de la température de la mer, chez plusieurs *scombres*.

La température des *insectes* a été étudiée, avec soin, par M. *Newport*, dont les recherches démontrent qu'elle est dans ces animaux, comme dans les classes supérieures, en rapport avec l'activité de la respiration aérienne (II, t. 8, p. 124).

Le vulgaire, qui voit naître dans la chair qui se décompose, ou dans le fromage, des vers dont il n'a pu observer ni les œufs, ni la mouche qui les y a déposés, croit à la génération spontanée, si souvent débattue entre les savants. Quelques-uns sont descendus au niveau de l'ignorance vulgaire; ils admettent cette hypothèse comme un fait, du moins pour les êtres les plus simples, et ils ont essayé de bâtir, avec un fondement aussi peu solide, tout un système sur l'origine des êtres organisés.

J'appellerai votre attention sur trois mémoires extrêmement remarquables de M. *Charles Morren*, qui traitent de ce sujet intéressant. L'auteur y *détermine*, avec une sagacité expérimentale peu commune, *l'influence de la lumière sur la manifestation et le développement des êtres végétaux et animaux dont l'origine avait été attribuée à la génération directe, spontanée ou équivoque.* Cette influence, suivant ce savant, est une condition qui maintient leur existence; mais il n'a jamais pu voir qu'elle la provoquât. On a confondu, selon lui, les influences conservatrices de la vie, avec les influences provocatrices.

Tout dans la nature, c'est à peu près ainsi que s'exprime ce savant, en terminant ce beau travail, est soumis à la génération continue, et le monde organique se propage par voie continuelle de parenté (II, t. 4, p. 169).

C'était aussi la doctrine de *Cuvier*.

Une expérience récente de M. *Schultze* est venue à l'appui de celles de M. *Morren*. Il a vu qu'en faisant passer à travers un bain d'acide sulfurique concentré, l'air que tout le monde convient être nécessaire pour la production d'infusoires, par la décomposition des substances organiques, aucun de ces animaux ne se montrait. Il semblerait, d'après cette expérience, que les germes en sont répandus dans l'air pour se développer dans des circonstances favorables.

Nous aurons soin de vous faire connaître, au sujet de la génération des plantes, la théorie toute récente que viennent de publier plusieurs botanistes allemands, MM. *Schleiden* et *Wydler*, théorie qui renverserait les idées qu'on avait eues jusqu'ici sur la détermination des organes sexuels et des sexes; puisque la poussière des étamines et plus particulièrement le sac pollinique qui se montre à l'instant de la fécondation, renfermerait les premiers rudiments de l'embryon, dont l'ovaire ne serait plus que le réceptacle. Hâtons-nous d'annoncer que les botanistes français, les *Mirbel*, les *Ad. Brongniart*, etc., sont loin d'admettre ces aperçus, dans lesquels il y a lieu de supposer quelque illusion (I, t. 2).

La physiologie, ou la connaissance de l'organisation en action, se complète par la comparaison qu'il est possible de faire entre l'état normal qui constitue la santé, et l'état anormal qui caractérise les maladies.

Cette comparaison conduira d'ailleurs à constituer une science nouvelle, qui se composera de propositions claires, précises, qu'il sera possible de démontrer, par l'observation, l'expérience et le raisonnement, sur la nature intime des maladies; en un mot, il en sortira, on en pourra déduire une véritable physiologie pathologique, soit pour les animaux en général, soit pour l'homme en particulier.

En effet, l'appréciation de la nature et de la cause des altérations fonctionnelles qui caractérisent les maladies, ou la physiologie des maladies, est la seule voie par laquelle on puisse parvenir à élever la médecine au rang d'une science positive. Mais que de difficultés à surmonter pour arriver ainsi à expliquer les phénomènes de la vie anormale, par ceux de la vie normale.

Un de mes honorables collègues a eu le courage de le tenter à lui seul, dans ses enseignements, et de tendre constamment à ce but, le plus élevé que la médecine puisse atteindre.

En analysant ces phénomènes, il a démontré qu'un grand nombre pouvaient être distingués comme physiques, c'est-à-dire comme s'expliquant par les connaissances que peuvent nous donner les sciences physiques.

L'un des résultats les plus importants, les plus féconds dans ses applications, qu'il ait obtenus dans ses nombreuses expériences, est celui par lequel il démontre qu'il est possible de produire, par certaines altérations du sang, en le défibrinant, des ulcérations dans les intestins, analogues à celles auxquelles on attribue la cause du typhus; et qu'en modifiant artificiellement le sang, on voit se développer à point nommé, à heure fixe, pour ainsi dire, des lésions d'organes dont le mécanisme se trouve ainsi parfaitement connu, et que la médecine sera ainsi plus apte à guérir (IX *bis*).

M. *Donné* a observé dans le sang des globules blancs, qu'il distingue des globules rouges et des globules du chyle, et dont le nombre proportionnel, dans le cas d'hydropisie cachectique, est vingt fois plus grand que dans l'état normal. Il en conclut, avec raison, que les altérations du sang, dans les maladies, ne portent pas seulement sur les proportions de ses éléments, la fibrine, l'albumine et le sérum; mais que ses globules sont aussi le siége de modifications organiques, appréciables par l'analyse microscopique.

MM. *Baupertluy* et *Adet de Rosseville* ont vu constamment des animalcules microscopiques se développer dans le cancer, et ils les considèrent comme cause efficiente de cette maladie (I).

D'autres observations, tout aussi remarquables, montrent qu'il se développe des animalcules dans des cas de maladies contagieuses, auxquels on serait tenté d'attribuer cette contagion.

M. *Audouin* a prouvé, par l'observation et l'expérience, d'après les indications de M. *Bassi de Lodi*, que la *muscardine*, maladie qui fait de grands ravages parmi les vers à soie, est produite par une espèce de ces moisissures, dont les botanistes font une famille sous le nom de *Mucédinées* (I).

M. *Montagne*, habile cryptogamiste, a confirmé, par ses propres observations, que cette espèce, qui se multiplie ainsi aux dépens de la vie d'un animal aussi précieux à notre industrie, appartient, en effet, au genre *Botrytis*, de cette famille de végétaux inférieurs; il présume même que c'est l'espèce appelée *diffusa* par *Dittmar*. Ces exemples sont une nouvelle preuve que toutes les parties de l'histoire naturelle s'éclairent mutuellement, et que les connaissances dont elles s'enrichit chaque jour, peuvent servir à expliquer, aussi bien les phénomènes anormaux que les phénomènes normaux des corps organisés (II, t. 8, p. 229).

Après tous les travaux particuliers sur la physiologie des corps organisés, travaux dont nous n'avons pu, dans cette courte notice, vous indiquer que quelques-uns, et dont nous avons été forcé d'omettre un grand nombre, sur lesquels nous nous réservons de fixer votre attention dans la suite de nos entretiens; il est de notre devoir de vous signaler des ouvrages généraux qui donnent l'état actuel de la science, et qui feront époque dans son histoire.

M. *Meyen*, de Berlin, vient de publier une physiologie des plantes, qui modifierait, dans quelques points, les doctrines admises dans la physiologie végétale, si justement estimée, de M. *De Candolle*, l'illustre auteur du *Prodromus regni vegetabilis*, de l'*Organographie végétale* et de la *Théorie élémentaire de la Botanique.*

Suivant MM. *Mayen*, *Mohl* et d'autres botanistes, l'accroissement et la structure des plantes *Dicotylédonées*, ne différerait pas essentiellement de celle des *Monocotylédonées ;* mais il faut comparer, pour le comprendre, la jeune branche d'une dicotylédonée, avec la tige d'une monocotylédonée (XLI).

La théorie de l'accroissement, en diamètre, des végétaux vasculaires, au moyen des bourgeons, considérés comme centres d'actions vitales, comme point de départ des vaisseaux fibreux, qui forment, en partie, les couches successives du bois et de l'écorce, cette théorie, dis-je, adoptée par M. *Gaudichaud*, nous paraît devoir produire une grande réforme dans les idées reçues, sur ce grand phénomène de la vie végétale. C'est à la vérité la même que *Dupetit-Thouars* a défendue, avec une si longue persévérance ; mais M. *Gaudichaud* a su se l'approprier par de nombreuses observations faites dans deux voyages autour du monde, et en montrant à l'appui un grand nombre d'échantillons de plantes propres à la démontrer (XLII).

La *physiologie des animaux* se trouve comprise, comme généralité, dans la *Physiologie de l'Homme*, par M. *J. Muller*, et dans le grand *Traité de Physiologie* que publient MM. *C.-F. Burdach* et ses collaborateurs. Ce dernier traité a été traduit en français par M. *J.-L. Jourdan*, qui n'a pas reculé devant cette longue tâche.

La physiologie de M. *J. Muller*, non moins savante, mais essentiellement positive, aurait mieux convenu, à notre avis, au public français.

A la lecture des parties de l'ouvrage de M. *Burdach*, dont cet auteur célèbre s'est réservé la rédaction, le lecteur français sera souvent rebuté par des distinctions et des divisions subtiles, et par les nuages de cette philosophie panthéistique au milieu desquels on a l'air de descendre du ciel, pour nous révéler les secrets les plus cachés de la nature ; mais qui obscurcissent la science au lieu de l'éclairer, et nous jettent dans un abyme sans limites.

Enfin, nous devons à *Dugès*, dont la France, je devrais dire l'Europe savante, déplore la mort prématurée, un *Traité de Physiologie comparée de l'homme et des animaux*. Cette nouvelle publication, peu d'années après celle de M. de *Blainville* sur le même sujet, prouve à la fois les progrès rapides de la science et les différents points de vue sous lesquels ses interprètes les plus distingués peuvent l'envisager.

B. *Partie philosophique.*

Je vous ai déjà exposé les questions principales dont je m'occuperai, avec vous, dans la partie de ce cours où nous traiterons de la *zoologie* et de la *botanique générale philosophique*. Cette partie se compose des faits les plus généraux de la science, et des vues plus ou moins ingénieuses, plus ou moins heureuses, des théories plus ou moins fondées, qui sont déduites de l'observation de ces faits généraux, *par l'esprit de méditation* contemplant les phénomènes naturels, cherchant à en pénétrer les causes.

C'est dans cette partie surtout qu'on a renouvelé les idées de la philosophie ancienne, qui devinait la nature au lieu de l'observer, qui la créait dans ses conceptions, faute de la connaître dans ses admirables détails et de parvenir, par cette seule voie, à en comprendre, avec vérité, l'ensemble et l'harmonie.

Dans ces théories on a cherché à établir un certain nombre de lois que l'esprit humain se flatte d'avoir découvertes, et qui règlent, selon ses vues, l'économie générale de la nature.

Les unes de ces lois sont simplement l'expression la plus générale des derniers phénomènes observés comme cause ; elles font connaître les bornes au-delà desquelles l'état des sciences n'a pas permis de s'avancer.

Plusieurs autres de ces lois, qu'on a tenté d'introduire dans la partie spéculative de la science, sont des conceptions de l'esprit méditatif et généralisateur, déduites de quelques faits, de quelques observations dont on s'exagère souvent l'importance. Nous aurons soin de distinguer les unes des autres, tout en vous montrant les bonnes acquisitions que la science a faites, par suite des recherches que ces théories spéculatives ont provoquées.

Je vous ferai connaître, avec impartialité, les lumières qu'elles ont répandues sur la science, pour éclairer sa marche progressive ; mais aussi les fausses lueurs qu'elles jettent sur cette belle science, et qui ne pourraient manquer de l'égarer, si elle en suivait la direction.

Parmi ces dernières, je devrai vous signaler certain système de philosophie naturelle, dans lequel on rapetisse, dans lequel on ose ravaler la Puissance Créatrice, jusqu'à la faible intelligence d'un ouvrier inexpérimenté, qui s'essaie à faire des modèles, nécessairement imparfaits, avant de pouvoir s'élever à la construction de son chef-d'œuvre. Ce ne serait de même, suivant cette étroite conception de l'esprit, qu'après avoir essayé la composition de machines organiques de moins en moins simples, en leur ajoutant successivement quelques rouages de plus, que le Tout-Puissant est parvenu à composer cette machine, à la fois si parfaite et si compliquée, que notre volonté fait agir, que notre pensée anime du feu divin.

La physiologie spéculative, qu'il faut séparer avec soin de la physiologie positive, ne doit être que l'expression des phénomènes les plus généraux que présentent les corps organisés, phénomènes devant lesquels l'esprit de l'homme est obligé de s'arrêter, comme autrefois le voyageur sans boussole, devant les colonnes d'Hercule. Ce sont ces colonnes d'Hercule des législateurs actuels de la science, exprimant à la fois l'étendue et les bornes de nos connaissances, je dirais presque de nos conceptions ; ce sont ces faits, ces phénomènes de la plus haute portée, mais encore inexpliqués, qu'on est convenu d'appeller *lois*.

Le tome Ier de la *Philosophie anatomique*, par M. Geoffroy Saint-Hilaire, qui a paru en 1818, avait eu pour but de démontrer l'unité de plan de composition dans le squelette des animaux vertébrés, et plus particulièrement dans les parties de ce squelette, qui appartiennent au mécanisme de la respiration. L'auteur y détermine, suivant sa manière de voir, la *signification* de ces parties.

Deux années auparavant, M. *Savigny* avait commencé ses publications sur la bouche des animaux sans vertèbres (IX), dans lesquelles il explique cette même unité de plan de la manière la plus ingénieuse et la plus irrécusable.

Dans l'une et l'autre de ces publications, qui feront époque dans l'histoire de la zoologie philosophique, il y avait plusieurs buts de recherches que nous regardons comme un grand progrès en anatomie comparée : celui, en premier lieu, de découvrir les transformations éprouvées par un appareil d'organes, pour les différentes modifications de sa fonction dans les divers animaux. C'est ce principe de recherches qui a conduit M. *Savigny* à prouver, que la composition de la bouche du *papillon* était analogue à celle de la *cigale*, de l'*abeille*, etc. ; qui lui a fait découvrir à l'état rudimentaire certaines parties du plan général de cet appareil; qui lui a fait voir que d'autres y sont dans leur plus grand état de développement.

On trouve un autre but dans la *Philosophie anatomique*, celui d'étudier la composition des organes, indépendamment de leurs fonctions; celui plus particulier de comparer le nombre des pièces osseuses d'une même partie de la *tête*, dans une classe, avec celles de cette même partie dans une autre classe.

Il en est résulté deux principes de comparaison, qui sans doute ne sont pas infaillibles, auxquels il ne faut pas attacher trop d'importance; mais qui, cependant, ont une certaine valeur. Le premier est la position relative des parties ou des organes; position relative que les botanistes ont su apprécier il y a déjà long-temps, et qui tient au plan de composition des organismes. On lui donnerait trop d'étendue, cependant, en la présentant comme une *loi de connexion*. Rien de plus variable, par exemple, que la position et les rapports du cœur, des poumons ou des branchies dans le type des mollusques. Les zoophytes nous offriront de même de singulières et nombreuses variétés dans les connexions d'un même organe. C'est qu'il y a, en général, dans le plan de composition de ces deux types, beaucoup moins de fixité et d'unité, que dans celui des deux types supérieurs des articulés et des vertébrés, ou des extra et des intra-articulés.

Le second principe de comparaison est l'*analogie de composition;* principe fécond, lorsqu'on l'applique avec réserve; mais dont l'exagération mettrait de la confusion dans la science, en faisant négliger la valeur et le nombre des caractères différentiels.

L'*Histoire des monstruosités, ou des formations anormales des organismes*, se lie intimement à toutes les grandes questions qui font partie de la *zoologie philosophique.* Les déformations sont nécessairement limitées, dans chaque organisme, par toutes les lois de viabilité dans les organes éducateurs, ou bien hors de ces organes.

Si nous avons le loisir d'aborder cette partie de la zoologie dans le cours de cette année, nous aurons surtout à vous citer les travaux bien remarquables que MM. *Geoffroy Saint-Hilaire*, père et fils, ont publiés sur ce sujet; le premier surtout dans le tome II de la *Philosophie anatomique*, et le dernier sous le titre d'*Histoire générale des Anomalies*.

Cette histoire est un recueil complet des observations éparses dans un grand nombre d'ouvrages, ou de celles qui sont propres à l'auteur. Il se distingue encore par une bonne classification des monstruosités, dont l'étude, liée à un certain nombre de propositions sur les règles observées dans les limites de ces déformations possibles, compose cette partie de la zoologie que M. *Isidore Geoffroy* appelle *Tératologie*.

Dans une suite de mémoires d'anatomie transcendante, M. Serres a cherché à démontrer les lois de *l'organogénie appliquées* à la *pathologie* (XXIV, t. 11, 12); puis, la loi *de formation centripète* (Ibid., t. 16); enfin, la loi de *symétrie et de conjugaison du système sanguin* (Ibid., t. 21). Les lois des formations normales et anormales font le sujet d'un travail plus nouveau du même savant *sur l'anatomie comparée des animaux vertébrés* (II, t. 2, p. 238).

Le même sujet, mais relativement aux mollusques seulement, a été resserré, par l'ingénieux auteur que nous citons, dans une suite de XXXI propositions, plus ou moins susceptibles de développements et de discussions (II, t. 8, p. 168).

Lorsque je traiterai de la partie philosophique de l'histoire naturelle, je me ferai un devoir de vous présenter un commentaire de ces lois et de ces propositions, dans lequel je chercherai, avec impartialité, et dans l'intérêt des progrès de la science, leur juste application aux faits bien constatés dont cette science se compose en réalité.

TROISIÈME LEÇON

(du 12 décembre 1838).

Suite de l'esquisse historique. — C. *Partie systématique.*

Dans un enseignement élémentaire, on ne pourrait se dispenser de traiter des *classifications*, de la *nomenclature* et des *descriptions* des êtres naturels, avant de parler des phénomènes qu'ils manifestent ou de leur *physiologie ;* et surtout avant de discuter les questions les plus générales que nous comprenons dans la partie *philosophique* de l'histoire naturelle.

L'enseignement dont nous sommes chargé devait avoir, tout d'abord, pour objet plus relevé, l'exposition et l'explication des principes fondamentaux de la science. Ceux, en particulier, d'après lesquels on doit *nommer, décrire et classer* les êtres de la nature, étant fondés sur la connaissance approfondie de ces êtres, nous ne traiterons de cette partie systématique de l'histoire naturelle des corps organisés en général, et des animaux en particulier, qu'après la partie physiologique. Ce ne sera même qu'après les grandes questions sur l'origine des germes, sur la succession et la durée des espèces, et sur leurs caractères indélébiles, qui auront fait l'objet de nos entretiens dans la partie philosophique de ce cours, que nous serons à même de vous démontrer si les classifications actuelles ont une base solide dans l'immuabilité des espèces ; ou si leur variabilité, ainsi qu'on l'a dit, ébranle jusque dans ses fondements tout l'échafaudage de ces classifications? C'est aussi par cette *partie systématique*, dont les véritables progrès ne peuvent être que la suite de ceux de la science dans la connaissance intime des êtres, que nous terminerons cette esquisse historique, *sur l'état présent de l'histoire naturelle des corps organisés en général*, et *de la zoologie* en particulier.

Le principe *de la méthode naturelle*, ou de la méthode de l'ensemble des rapports, avait reçu dès 1789, dans l'immortel ouvrage d'*A.-L. de Jussieu* (*Genera Plantarum secundum ordines naturales disposita*), sa première grande et complète application au règne végétal.

Le génie de M. *Cuvier* ne pouvait manquer de comprendre toute la haute portée de ce principe pour les classifications du *règne animal*, lui qui avait découvert par ses premières recherches d'anatomie comparée (qui datent de 1794 et 1795), des caractères différentiels d'organisation de la plus haute importance, parmi les animaux que *Linné* avait réunis dans sa classe des vers.

Ces premiers rayons de lumière dirigés sur ce chaos d'animaux disparates, réunis artificiellement dans une même classe, le débrouillèrent dès ce moment, au regard pénétrant du créateur, comme science, de l'anatomie comparée; ils lui en firent découvrir les groupes naturels, se dessinant avec évidence, se distinguant avec une clarté inattendue, aux yeux de son intelligence supérieure.

L'importance et le nombre toujours croissant des connaissances de l'organisation, si nécessaires pour cette grande application de la méthode naturelle à la classification du règne animal; les lumières qui devaient en résulter pour l'appréciation de l'ensemble des rapports, conduisirent en même temps à la découverte, par le raisonnement et l'observation, de deux lois, qui devaient singulièrement faciliter cette appréciation.

L'une, la *loi des conditions d'existence*, démontre à la pensée, que le nombre des combinaisons organiques compatibles avec la durée de la vie est nécessairement limité; autrement, que toutes les combinaisons d'organes, ou de systèmes d'organes, n'étaient pas possibles; qu'un estomac d'herbivore, par exemple, suppose des dents d'herbivore, et n'aurait pu se mettre en harmonie, dans le même organisme, avec des dents d'hyène ou de lion; que si le mouton inoffensif eût été dominé par l'impérieux instinct de se nourrir de proie ; que si l'organisation de son estomac, de ses intestins et de son foie, lui eût fait sentir impérieusement le besoin de digérer de la chair, il n'aurait pu vivre long-temps, faute de moyens de dompter cette proie, et surtout de la mettre à mort, de la déchirer en lambeaux, d'en couper les chairs, d'en briser les os, pour les passer dans l'appareil de digestion qui n'appartient qu'à cette espèce d'alimens, et rejetterait ceux que les appareils de préhension et de mastication auraient pu seuls saisir, couper et broyer. Il est donc bien évident que certaines combinaisons se repoussent, qu'elles mettraient le désordre dans l'organisme ; qu'elles y introduiraient par là un principe de destruction, au lieu de cette harmonie qui fait concourir tous les mouvements de la vie vers le but unique de sa continuation.

Une autre loi, dont la connaissance sert de boussole pour arriver à une bonne classification naturelle, est celle de la *subordination des caractères*.

Elle montre qu'un certain nombre d'animaux sont formés sur un *plan commun*, c'est-à-dire d'après des combinaisons déterminées des rouages principaux de l'organisme, qui ne pourraient changer sans bouleverser, sans faire disparaître ce plan commun.

Mais elle fait comprendre, en même temps, qu'un certain nombre d'organes moins importants, peuvent varier dans leur forme, dans leurs proportions, même dans leur structure et leur composition ; qu'ils peuvent se dégrader successivement, jusqu'à ce qu'ils ne soient plus qu'un *vestige* dans les uns ; ou se développer et se compliquer graduellement dans les autres, jusqu'à ce qu'ils soient arrivés au plus haut degré de *perfection ;* sans que le plan général de l'organisme auquel ils appartiennent en soit essentiellement altéré.

Il résulte de ces différences, des caractères dominateurs constants, dans le même plan général, et des caractères subordonnés variables.

Ceux-là expriment les ressemblances les plus générales, qui distinguent chacun des premiers groupes dans lesquels on divise le règne animal.

Ceux-ci servent à caractériser les divisions secondaires de ces groupes.

Il découlait naturellement de ces importantes considérations :

Qu'on ne peut passer par des nuances insensibles, de l'organisation d'un animal à l'autre ; puisqu'un certain nombre de combinaisons organiques se repoussent ; et conséquemment, que l'*échelle des êtres*, imaginée par le célèbre *Bonet*, est une chimère (1) ;

Que tous les animaux ne sont pas organisés sur un même plan : qu'il y a donc un certain nombre de *types* bien caractérisés dans le règne animal ;

Que les principales différences entre les animaux d'un même type caractérisent les classes ;

Que dans les animaux d'un même type, ou d'une même classe, un même organe peut se montrer en *vestige* (l'œil de la taupe), ou dans son plus haut degré de développement (celui de la gazelle) ; dans sa plus grande simplicité organique (la capsule auditive de la *lamproye*) ; ou dans son plus haut degré de complication (l'oreille de la chauve-souris) ;

Qu'il y a souvent dans ces différences de développement, ou de complication et de perfection organiques, un développement inverse dans les parties d'un même système, qu'on est convenu d'appeler, peut-être en se dissimulant trop les exceptions, *loi de balancement des organes*, laquelle devrait découler de l'observation souvent répétée, bien constatée, des différences dont il vient d'être question.

Cette *loi de balancement des organes* ; ou du développement inverse d'organes appartenant à un même système (dont la vue explicite appartient à M. Geoffroy Saint-Hilaire), a eu peut-être aussi son origine intuitive dans celle du balancement des forces. Nous avons particulièrement insisté sur l'importance de

---

(1) Cette échelle des êtres a été combattue, entre autres, par l'illustre Daubenton, dans une des séances de l'*Ecole Normale*. Voyez le mémoire de Duchesne, Magasin Encyclopédique de 1795, t. 6, p. 289.

cette dernière *Loi*, dans notre première publication physiologique, qui date de 1799 (1).

Quoi qu'il en soit, les importantes considérations desquelles M. Cuvier avait déduit les deux lois dont nous avons parlé d'abord, celles des *conditions d'existence et de la subordination des caractères*, lui donnèrent la clef de la *méthode naturelle du règne animal*, et lui en facilitèrent l'application.

C'est de l'adoption de ce principe de classification, d'après l'ensemble *des rapports*, que datent dans tous les pays, on ne saurait trop le répéter, les véritables progrès de l'histoire naturelle des corps organisés. C'est un principe d'améliorations continuelles, de progrès indéfinis, une source inépuisable, comme la nature, de recherches et de découvertes multipliées, qui doivent augmenter journellement la masse des connaissances qu'il est donné à l'homme d'acquérir sur les êtres naturels. C'est à la France qu'était réservée la gloire d'en réaliser l'application, et de la montrer possible dans l'un et l'autre règne organique.

Dans la méthode naturelle de classification, telle qu'elle est admise dans l'état actuel de la science, le règne animal se divise en groupes, graduellement moins généraux, depuis le premier qu'on est convenu d'appeler *type*, jusqu'à celui de l'*espèce*, dans lequel on réunit les individus qui se ressemblent autant entre eux, qu'eux-mêmes ressemblent à leurs parents, et qui peuvent se mêler quand les sexes sont séparés, et produire des générations fécondes.

Mais le nombre des groupes que la méthode naturelle admet, entre ces deux extrêmes, est indéterminé, et variable suivant la nécessité des sous-divisions ; afin de parvenir à ne rapprocher dans un même groupe, que les animaux qui se ressemblent le plus.

Voici d'abord les divisions principales généralement adoptées. Le *type*, fondé sur le plan le plus général d'organisation, se divise en *classes*, qui expriment les premières modifications de ce plan général.

---

(1) *Réflexions sur les corps organisés*, etc., Magasin Encyclopédique, brumaire et frimaire an 7.

La *classe* elle-même se sous-divise en un certain nombre d'*ordres*, qui sont à leur tour l'expression des principales modifications organiques de la classe.

Les *ordres* comprennent des *familles*, séparées entre elles par des modifications subordonnées des caractères de chaque ordre auquel elles appartiennent.

Les *familles* se divisent en un certain nombre de *genres*, distingués par des caractères de moindre valeur encore que ceux des familles.

Et ceux-ci se divisent en *espèces*, suivant certaines différences, certaines modifications organiques du caractère commun qui réunit ces mêmes espèces en un seul groupe générique.

Mais le besoin de graduer encore plus, dans quelques cas, cet échafaudage de la méthode, qu'on me permette cette expression, a fait adopter des sous-classes, avant d'arriver aux ordres ; des tribus dans les ordres, avant les groupes de familles ; des sections dans celles-ci, pour caractériser une plus grande ressemblance entre certaines familles d'un même ordre, entre certains genres d'une même famille ; enfin des sous-genres qui montrent que les espèces d'un même genre ont plusieurs degrés de ressemblance entre elles.

Mais ce n'est pas immédiatement, et d'un seul jet, qu'on est arrivé à sentir la nécessité de ces divisions graduées, pour exprimer, avec vérité, toutes les différences, et toutes les ressemblances organiques ou dynamiques que présentent les animaux.

Je crois devoir indiquer, dans cette esquisse, les principaux changements successifs qui ont amené les classifications admises par M. *Cuvier*, dans la dernière édition du *Règne animal;* et les modifications dans ces classifications que paraît devoir nécessiter l'état actuel de la science et ses progrès.

Le *Tableau élémentaire de l'histoire naturelle des animaux* publié en 1798, par M. *Cuvier*, fut un premier *essai* d'une classification naturelle complète du *Règne animal.*

Le plan commun des *vertébrés* s'y trouve parfaitement indiqué dans tous ses détails (p. 84 et 85), quoique cette dénomination et le groupe qu'elle désigne n'y soient pas encore admis. C'est encore la couleur du sang, *rouge* ou *blanc*, qui paraît la considération dominante, pour indiquer les deux principales différences aperçues jusque là entre tous les animaux.

Du reste, les divisions supérieures ne sont encore que des classes, dont le nombre borné à huit est, comme l'on voit, imparfaitement reconnu dans ce premier essai.

Deux années après, M. *Cuvier* publia, dans le tome Ier des *Leçons d'Anatomie comparée* (p. 65), que le règne animal se compose de deux grandes familles, celle des animaux à *vertèbres* et à sang rouge, et celle des animaux *sans vertèbres* qui ont presque tous le sang blanc (1).

C'était dire d'une manière plus explicite ce qui avait déjà été imprimé dans le tableau élémentaire. C'était surtout établir et expliquer positivement le principe, dont on voit déjà la trace dans son premier ouvrage, qu'il y a des groupes plus relevés que les *classes* dans lesquels on reconnaît un plan commun d'organisation, et qui les a fait désigner ensuite sous le nom de *types* (2).

Douze années plus tard, c'est-à-dire en 1812, M. *Cuvier* (3), qui avait compris l'imperfection, je devrais dire l'impuissance d'un caractère négatif, celui de manquer de vertèbres, pour distinguer suffisamment cette grande division du règne animal, dans laquelle les vertèbres, cette partie essentielle d'un squelette intérieur, ne

---

(1) C'est *Lamarck*, ainsi que le reconnaît M. Cuvier (*Annales du Muséum*, t. XIX, p. 75), qui s'est servi le premier de ces dénominations d'animaux sans vertèbres et d'animaux vertébrés : voir son discours d'ouverture prononcé en 1800, mais imprimé un an plus tard, c'est-à-dire en 1801, à la tête de son ouvrage intitulé *Systèmes des animaux sans vertèbres*. Mais il ne faut pas oublier que M. Cuvier indique positivement ce caractère d'avoir des vertèbres, dans son premier groupe d'animaux à sang rouge.

(2) M. *Duchesne*, dans un mémoire sur les *rapports entre les êtres naturels*, publié en 1795, se sert du mot *invertébroses* pour désigner toutes les classes qui n'ont pas de vertèbres ; mais il n'a pas eu l'idée de réunir dans un seul groupe toutes celles qui ont des vertèbres, et le mot de *vertébroses*, en opposition au premier, ne paraît dans aucune ligne de son mémoire, ou du tableau singulier qui s'y trouve annexé. Voyez le *Magasin Encyclopédique de Millin*, *pour l'année* 1795, t. 6, p. 289.

(3) *Sur un nouveau rapprochement à établir entre les classes du règne animal*, lu à l'Institut en juillet 1812, et imprimé dans les *Annales du Muséum d'Histoire naturelle*, t. XIX, p. 73 et suivantes. Paris, 1812.

s'observent pas, vit qu'on pouvait y reconnaître trois plans d'organisation qu'il serait possible d'exprimer par des caractères positifs. Cette grande vue lui montra autant de *types* bien manifestes, aussi distincts les uns des autres, qu'ils le sont eux-mêmes de celui des vertébrés.

Ces types, qu'il appelle embranchements, sont ceux des animaux *Articulés*, des *Mollusques* et des animaux *rayonnés* ou des *Zoophytes*. Il en détermina immédiatement tous les caractères, ainsi que les principales divisions, ou les classes correspondantes à celles des mammifères, des oiseaux, des reptiles et des poissons du type des *Vertébrés*.

Il faut lire et relire ce mémoire fondamental, pour comprendre toute la valeur de cette grande amélioration dans la méthode naturelle. Je ne puis m'empêcher d'en citer quelques passages, dont la pensée, facile à saisir, donnera l'intelligence des principaux points de la méthode naturelle.

« J'ai trouvé, dit M. Cuvier, qu'il existe quatre formes principales, quatre plans généraux, d'après lesquels tous les animaux semblent avoir été modelés, et dont les divisions ultérieures, de quelques noms que ces naturalistes les aient décorés, ne sont que des modifications fondées sur le *développement* ou sur l'*addition* de quelques parties, *mais qui ne changent rien à l'essence du plan*.

» Le système nerveux, ajoute-t-il plus bas, est le même dans chaque forme; les autres systèmes ne sont là que pour le servir ou pour l'entretenir; il n'est donc pas étonnant que ce soit d'après lui qu'ils se règlent (1). »

Par cet aperçu du grand naturaliste, les bases de la méthode naturelle de classification en zoologie furent mieux assises. Il fut dès lors plus facile d'arriver successivement aux améliorations moins générales, mais cependant essentielles pour le but de pro-

---

(1) M. Virey a déjà présenté il y a quelques années, avec son talent ordinaire, des idées analogues à celles-ci, dans son article *Animal*, du *Nouveau Dictionnaire d'Histoire naturelle*. Note de M. Cuvier, *ibid.* p. 77.

grès et de perfectionnement indéfinis, auxquels la méthode de l'ensemble des rapports doit tendre constamment.

Examinons à présent les améliorations introduites successivement dans l'établissement des classes.

Peu de temps après son arrivée à Paris, le 10 mai 1795, M. Cuvier lut à la Société d'Histoire Naturelle un mémoire dans lequel il marque les caractères et les limites des *mollusques*, des *crustacés*, des *insectes*, des *vers*, des *échinodermes* et des *zoophytes*; ce qui portait à dix les classes du règne animal, en y comprenant celles des vertébrés (1).

Dans son *Tableau élémentaire*, à la vérité, publié en 1797, il n'en avait conservé que huit, en laissant de nouveau les *écrevisses* et les *monocles* avec les *insectes*, et les *échinodermes* avec les *zoophytes*.

Mais dans les tableaux annexés au tome 1er des Leçons, tableaux que M. Cuvier avait dressés (en 1800) de concert avec M. Duméril, la classe des *crustacés* est de nouveau reconnue et définitivement établie.

On y trouve déjà un aperçu, incomplet à la vérité, de la classe des *intestinaux*, dont une partie est encore confondue avec les *annelides*, désignée sous le nom commun de vers.

C'est en 1801 que M. *Cuvier*, dans un mémoire lu à l'Institut (séance du 31 décembre), montre qu'il faut séparer les *vers intestinaux* des *vers articulés*, qui se distinguent d'ailleurs par la couleur rouge de leur sang, lequel circule dans un système complet de vaisseaux clos. C'est à cette même classe que *Lamarck* donna, en 1812, c'est-à-dire dix années plus tard, le nom d'*annelides*, qui a été généralement adopté; celui de vers à sang rouge n'ayant pu être conservé, parce qu'on ne tarda pas à s'apercevoir que le sang n'est pas rouge dans tous les animaux de cette classe (2).

Le mémoire de M. Cuvier, que nous avons fait connaître en détail, sur une nouvelle division du règne animal en quatre embranchements, indiquait en même temps quatre classes pour chacun de ces embranchements, seize en tout.

(1) Voir la note de la page 51, t. I du *Règne animal*. Paris, 1829.

(2) Cuvier, *Règne animal*, t. III, p. 186, notes 2 et 3. Paris, 1830.

L'établissement de celles des mollusques était dû uniquement aux méditations et aux découvertes de l'auteur de ce mémoire fondamental.

Parmi les quatre classes d'*animaux articulés*, il avait caractérisé, dès 1801, ainsi que nous l'avons dit, celles des *annelides ; Lamarck* avait séparé des insectes, la classe des *aranéides*.

Des quatre classes du type des *zoophytes*, les *vers intestins* et les *infusoires* sont nouvelles. Celle des *polypes* était due à Lamarck, et jusqu'à un certain point celle des *échinodermes*, sous la dénomination de *radiaires*.

La publication de la première édition du *Règne animal*, qui eut lieu en 1817, servit à circonscrire d'une manière plus précise une partie des classes des *articulés ;* ce fut aussi l'ouvrage de *Latreille*, que M. Cuvier s'était associé pour cette grande publication.

Le type des *Mollusques* fut sous-divisé en six classes. L'une des deux classes, ajoutées aux quatre précédemment établies, fut celle des *brachiopodes*, ayant pour type le genre *lingule*, dont M. *Cuvier* avait étudié particulièrement l'animal; il réunit encore à cette classe les *térébratules* et les *orbicules*, dont l'animal avait montré des bras ciliés, analogues à ceux de la *lingule*.

La seconde de ces deux nouvelles classes, celle des *cirrhopodes*, qui comprend les *anatifes* et les *balanes*, est indiquée par M. *Cuvier*, déjà à cette époque de 1817, comme une classe intermédiaire entre le type des mollusques et celui des animaux articulés.

Je ne puis résister au plaisir de citer le commencement du mémoire, dans lequel il démontre les principaux points de l'organisation de ces animaux.

« Nous voici arrivés, dit-il, à des animaux bien différents de » tous les mollusques dont nous avons parlé jusqu'à présent; des » membres cornés, articulés en quelque sorte, nombreux, sus» ceptibles de mouvements variés, une bouche garnie de lèvres » et de mâchoires, un système nerveux formé d'une suite de gan» glions, tout annonce que la nature va nous conduire à l'em» branchement des animaux articulés; il n'y aurait même rien » d'étonnant que bien des naturalistes, d'après la description que

»nous allons donner, ne pensassent que les *cirrhopodes* appar-»tiennent déjà à cet embranchement, et nous ne blâmerons pas »ceux qui croiront devoir les y ranger. »

Les mémoires qui ont été publiés, depuis celui de M. Cuvier, comprennent-ils une seule vue, un seul motif de plus que ceux qui viennent d'être exposés si franchement et avec tant de lucidité, pour indiquer les rapports de ces animaux avec les types des articulés? Je ne le crois pas.

« Cependant, ajoute M. Cuvier, comme leur corps lui-même »n'est pas articulé, comme nous avons déjà dans le genre des »*tarets*, qui appartient sans contestation aux mollusques acé-»phales, des exemples de membres articulés; comme enfin la »coquille des anatifes semble modelée sur celle de plusieurs bi-»valves, nous croyons pouvoir laisser cet ordre parmi les mol-»lusques. »

Quant au type des *zoophytes*, il y est divisé, pour la première fois, en cinq classes, 1° les *échinodermes;* 2° les *intestinaux;* 3° les *acalephes;* 4° les *polypes;* 5° et *les infusoires.*

Tels furent les quatre embranchements, et les dix-neuf classes, que M. Cuvier crut devoir reconnaître, dès 1817, comme exprimant les principales formes, les modifications organiques les plus importantes des animaux.

La *nouvelle édition* du *Règne animal* (publiée en 1829 et 30) ne renferme aucun changement dans ces divisions principales.

Je ne pourrai entrer, en ce moment, dans l'analyse détaillée des autres groupes de la méthode naturelle adoptée dans cet ouvrage.

Observons seulement le soin que M. Cuvier a mis dans l'établissement des ordres de chaque classe, et des familles de chaque ordre, à les fonder toujours sur des ressemblances et des différences graduellement moins générales.

Beaucoup des *grands genres*, qui répondent aux familles naturelles, sont ceux que *Linné* avait déjà reconnus et nommés. « Toutes les fois, dit M. Cuvier, que les sous-genres dans les-»quels je les divise n'ont pas dû aller à des familles différentes, »je les ai laissés ensemble, sous leur ancien nom générique.

» C'était non-seulement un égard que je devais à la mémoire de
» *Linnæus;* mais c'était aussi une attention nécessaire pour con-
» server la tradition et l'intelligence mutuelle des naturalistes des
» différents pays » (XLIV).

Si ce sage exemple, si ces excellents préceptes avaient été généralement suivis, de combien de difficultés la science ne serait-elle pas allégée.

Dans les premiers groupes de la méthode naturelle, reconnus dans le *Règne animal,* n'oublions pas le rapprochement particulier des *vertébrés ovipares.* Ce rapprochement ingénieux, d'où découlent beaucoup de vues profondes sur le plan de composition organique de ces animaux, a pris sa source dans les curieuses observations de M. *Geoffroy-Saint-Hilaire*, sur la composition des têtes osseuses, qui datent de 1807; observations auxquelles M. *Cuvier* ajouta les siennes en 1812 (XXII, t. 10 et 19). Ces dernières eurent pour objet non-seulement cette composition de la tête osseuse, mais encore le reste du squelette et la myologie.

Ce rapprochement était encore une amélioration importante dans la *méthode naturelle*, qui doit tendre constamment à montrer et à exprimer, aussi bien toutes les *ressemblances*, que toutes les *différences* organiques ou dynamiques, que présentent les animaux. Leur distribution en groupes naturels n'est pas plus une méthode analytique, ayant seulement égard aux différences, qu'une méthode synthétique, ayant pour objet exclusif les ressemblances. L'une et l'autre intuition est également nécessaire dans la formation des groupes; soit que vous commenciez par les inférieurs, depuis les individus réunis dans une même espèce, les espèces dans un même genre, et successivement jusqu'aux types, que vous composerez des classes qui vous présenteront le plus de rapports; soit que vous fassiez une sorte de décomposition du règne animal, depuis le type jusqu'à l'espèce, d'après la considération des différences. Vous serez forcés de comparer, dans l'une ou l'autre méthode, l'importance et le nombre des différences, avec les degrés de ressemblance, et réciproquement.

Il ne serait donc pas juste de dire que la méthode de classification, dite naturelle, qui a pour but l'ensemble des rapports, est une zoologie différentielle. Vous en concevriez, dès à présent, j'espère, si cela était nécessaire, une idée à la fois plus exacte et plus relevée; plus digne en un mot des grands naturalistes qui ont passé leur vie à suivre l'application de ce principe, qu'ils définissent, nous ne saurions trop le répéter, *le principe de l'ensemble des rapports.*

Il fallait sans doute un esprit à la fois profondément réfléchi et d'une haute portée, comme celui de *Cuvier*, pour en faire une première application à tout le *Règne animal.*

Mais, après cet important travail, les améliorations dont il est susceptible ne supposent plus un génie créateur, pour être utiles, pour être heureuses. L'observation attentive et le classement logique des ressemblances et des modifications organiques, que l'anatomie comparée enrégistre journellement dans le livre de ses découvertes, doivent suffire dorénavant pour comprendre la nécessité des rapprochements, ou des divisions ultérieures, caractérisant mieux la nature, que ceux admis dans le livre du *Règne animal*, qui doit toujours servir de point de départ, qui doit être tout aussi classique, pour les *animaux*, que le *Genera plantarum* de Jussieu, pour les *végétaux.*

Malheureusement cette appréciation si simple est cependant une opération de l'esprit, livrée conséquemment aux jugements des hommes; et comme ces jugements dépendent à la fois de l'étendue de leurs connaissances et de la portée de leur intelligence; il en résulte que leur manière de voir sur les mêmes faits varie beaucoup, et dans les principes secondaires de la méthode naturelle, et dans leur application. De là de nombreuses différences dans les classifications, que les successeurs des *Jussieu* et des *Cuvier* ont tenté d'introduire dans la science.

Je ne puis vous parler, en ce moment, de celles qui s'écartent entièrement, pour le nombre et les dénominations, des groupes principaux de la méthode zoologique de Cuvier. La science est surchargée et singulièrement embarrassée de tous ces essais de révolution, que tentent les notabilités scientifiques, en l'absence d'un Dictateur Suprême.

Cependant il jaillit aussi parfois de ces grandes discussions entre les législateurs de l'histoire naturelle, des lumières qui éclairent des points obscurs, et dont la science finit, à la longue, par profiter, malgré les difficultés qu'elles lui suggèrent dans sa marche progressive.

Je me bornerai à vous exposer les modifications qui ont été introduites, ou qui pourront l'être, dans la méthode de classification établie par *Cuvier*, dans le *Règne animal*. Encore devrai-je limiter cette esquisse des derniers progrès de la zoologie systématique, aux groupes les plus généraux.

Une section de mammifères relégués en petit nombre dans les parties chaudes des deux Amériques, et dans quelques îles des mers équatoriales de l'Asie, réunis en bien plus grand nombre dans le continent de la *Nouvelle-Hollande*, dont ils forment, avec quelques rongeurs, toute la population appartenant à cette classe supérieure du *Règne animal*, avait frappé les naturalistes par un mode singulier de gestation. C'est un séjour très-court et un développement incomplet dans l'utérus intérieur; une mise bas prématurée; un développement ultérieur et définitif dans une matrice extérieure.

M. *Cuvier* ne pouvait méconnaître les caractères distinctifs de ce groupe de mammifères, que *Linné* comprenait tous dans son genre *didelphe*. Dès 1816 il avait imprimé dans le t. I, p. 171 de son *Règne animal*, que les *marsupiaux* forment une *classe distincte*, parallèle à *celle des quadrupèdes ordinaires et divisible* en *ordres semblables*.

Cette opinion fut aussi celle de M. de *Blainville*, qui indique ce groupe de mammifères comme devant constituer une sous-classe, et qui désigne cette sous-classe sous le nom de *didelphes*, en opposition avec l'autre sous-classe qu'il appelle *monodelphes*, dans les tableaux de tout le règne animal qu'il publia en 1816 (XXXIX) (1).

En 1828, dans le cours que je fis à cette époque à la faculté

(1) M. Cuvier déclare dans sa préface du *Règne animal*, qui date du mois d'octobre 1816, n'avoir pu en profiter, ces tableaux ayant paru lorsque son ouvrage était presque entièrement imprimé.

des sciences de Strasbourg, et dans lequel je m'occupai exclusivement de la classe des mammifères, je suivis les indications données par MM. *Cuvier* et de *Blainville*, et je divisai cette classe en deux séries, l'une distinguée par *une seule matrice*, et l'autre par la présence des os *marsupiaux;* caractère indicateur, facile à saisir, d'une gestation anormale, c'est-à-dire s'écartant de celle des mammifères ordinaires.

J'adoptai le nom de *monodelphes* donné à la première sous-classe par M. de *Blainville*, et, pour la deuxième sous-classe, celui de *marsupiaux*, par lequel M. *Cuvier* désignait seulement les vrais *didelphes;* et j'y compris, comme M. de *Blainville*, les *monotrèmes*, que M. *Cuvier* continuait de classer à la fin de ses édentés (1).

C'était à la fois une amélioration dans la nomenclature de M. de *Blainville* (les *monotrèmes* n'étant pas *didelphes*), et dans la classification de M. *Cuvier;* tous les mammifères pourvus d'os marsupiaux, ayant une gestation anormale, ou une conformation singulière dans le mode de génération, qui exigeait qu'on les réunît dans un groupe particulier (XLIII).

Il y a même deux degrés, dans cette ressemblance, que M. de *Blainville* avait eu soin d'indiquer en partageant les *didelphes* en *normaux* et en *anormaux*. J'ai conservé ces deux divisions très-importantes, en réservant le nom de *didelphes* à la première section de cette sous-classe, qui seule est réellement *didelphe*, et celui de *monotrèmes* imposé par M. *Geoffroy*, aux animaux de la seconde section.

Après le mode de génération vivipare ou placentaire des *monodelphes*, et le mode aplacentaire qui caractérise tous les marsupiaux, il fallait reconnaître que ce sont les grandes modifications dans les organes du mouvement et dans le régime qui déterminent et caractérisent la véritable nature des animaux en général, et des mammifères en particulier. C'étaient donc ces différences

(1) Voir le discours de clôture, que je prononçai à la fin de ce cours en présence de M. F. Cuvier; et les tableaux de classifications, imprimés dans le Journal de la *Société des Sciences, Arts et Agriculture* de Strasbourg, n° 3, 1828. (XLV.)

qu'il fallait employer pour distinguer les groupes secondaires qu'on est convenu d'appeller *ordres*, dans la méthode naturelle.

Ma première sous-classe est divisée, d'après ces principes, en quinze ordres, qui répondent à des ordres ou à des familles de la méthode de M. Cuvier, et dont la série, telle que je l'ai adoptée, montre les affinités. Ainsi, l'ordre des *chéiroptères* vient immédiatement après celui des *quadrumanes*, qui sont des mammifères, pour ainsi dire, à demi aériens, par leur séjour habituel sur les arbres.

Les *tardigrades*, dont les estomacs ont de grands rapports avec ceux des *ruminants*, sont placés immédiatement après ces derniers et avant les *édentés*.

Les deux avant-derniers ordres, désignés sous le nom d'*amphibies quadrirèmes*, qui comprennent les phoques et les morses; d'*amphibies trirèmes* qui réunissent les *lamantins* et les *dugongs*, et le dernier, celui des *cétacés*, montrent les modifications graduellement plus marquées, dans les organes du mouvement et dans les téguments ,qui peuvent transformer les mammifères en animaux de plus en plus aquatiques.

Les mêmes principes, appliqués à la seconde sous-classe et à chacune de ses deux sections, m'ont fait reconnaître quatre ordres dans la première : celui des *pédimanes frugivores*, l'ordre des *didelphes carnassiers*, celui des *didelphes rongeurs* et l'ordre des *halmapodes*.

La seconde section est divisée en deux ordres : celui des *digitigrades édentés*, pour l'*échidné*, et l'ordre des *amphibies*, pour l'*ornithorhynque*.

Un enseignement de onze années m'a confirmé de plus en plus, dans l'exactitude de cette classification, pour montrer les rapports naturels des mammifères, et dans la facilité qu'elle donne pour les enseigner et les comprendre.

Il n'y a, dans ces changements, rien qui bouleverse la méthode du *Règne animal*. Ils sont une suite, une conséquence nécessaire de son principe, qui en facilite l'application et la rend plus précise, en permettant de caractériser d'une manière plus nette les groupes établis par cette méthode.

M. *Owen* a lié toutes ces différences, dans les organes de la génération, dans la gestation et dans le squelette, qui séparent la série des mammifères marsupiaux de la série normale, à des différences remarquables dans la composition de l'encéphale. Celui des marsupiaux, en effet, n'a qu'un rudiment de *corps calleux*, et de *septum lucidum ;* ce savant conclut, à bon droit, de ces modifications dans les moyens d'union des hémisphères cérébraux, que cette sous-classe est intermédiaire entre les mammifères normaux et la classe des oiseaux.

Des recherches difficiles, faites avec quelques succès dans des occasions rares, recherches dues, en grande partie, au zèle et à l'active intelligence du même anatomiste anglais que nous venons de citer, lui ont montré, ainsi que nous l'avons déjà dit, que la gestation des marsupiaux se rapprochait de celle des ovipares, par l'absence d'un placenta; il y a même des degrés, dans ce rapprochement, qui distinguent les deux sections de cette série, degrés qu'on peut très-bien exprimer, en disant que les didelphes ont une génération sub-vivipare, tandis qu'elle est sub-ovipare chez les monotrèmes (XLVI, t. 2, p. 415).

Plusieurs naturalistes, et je suis de leur avis, ont proposé de sous-diviser, de même, la classe des reptiles en deux sous-classes, dont l'une comprendrait les reptiles nus ou écailleux, sujets à des métamorphoses, et l'autre les reptiles à peau écailleuse ou couverte de plaques, de boucliers qui ne subissent pas ces métamorphoses, du moins après être sortis de l'œuf (XLII).

Cette classe est d'ailleurs susceptible d'autres améliorations dans la division et l'arrangement des groupes naturels qui la composent. Nous vous en parlerons dans nos entretiens subséquents, sur les classifications actuelles du règne animal.

Une amélioration sensible dans la méthode de Cuvier, pour la disposition des *types*, est due à M. *Duméril*, qui place les animaux articulés immédiatement après les vertébrés. Beaucoup de rapports exigeaient ce rapprochement, qui est très-bien exprimé par un aperçu que j'avais saisi, avant d'avoir eu l'occasion de me convaincre qu'il était déjà dans l'ouvrage de M. Duméril (XLVII); c'est que les uns sont articulés en dedans, ce sont les vertébrés; tandis que les autres le sont en dehors. Le caractère d'avoir un squelette intérieur, ou extérieur, exprime encore assez exactement ces rapports.

M. *Leach*, naturaliste anglais, a proposé, depuis long-temps, de séparer l'ordre des *myriapodes*, que Latreille a conservé à la tête des insectes, et d'en faire une classe à part. Cette érection des myriapodes en classe est généralement approuvée, et me paraît devoir être adoptée.

La classe des *mollusques acéphales* est divisée, dans le *Règne animal*, en deux ordres : les *acéphales testacés* et les *acéphales sans coquilles*. M. Cuvier exprime, en tête des caractères de ce dernier ordre, que les acéphales sans coquilles s'éloignent assez des acéphales ordinaires pour que l'on puisse en faire une classe distincte. (*Règne animal*, 1re édit., t. II, p. 495.)

Il avait encore dit, au sujet d'une partie de ces animaux (p. 26 de la préface du même ouvrage) : « Les belles observa- » tions de MM. *Savigny*, *Lesueur* et *Desmarets*, sur les ascidies » composées, rapprochent cette dernière famille des mollusques, » de certains ordres de zoophytes; c'est un rapport curieux et » une *preuve de plus que ces animaux ne peuvent être rangés sur* » *une même ligne*. »

Ainsi que l'avait prévu M. Cuvier, la plupart des naturalistes considèrent les *cirrhopodes*, que Lamarck appelait *cirrhipèdes*, comme un ordre de *crustacés* et les séparent conséquemment du type des mollusques.

Il faut encore extraire de ce *type*, et de la classe des *céphalopodes*, en particulier, une partie des coquilles microscopiques, à formes très-bizarres, représentées dans les grands ouvrages de Planc et de Soldani, et dont M. d'Orbigny avait eu l'heureuse idée de faire faire des modèles, grossis en plâtre.

M. *Dujardin* (II, t. 3, p. 312), qui en a étudié récemment les animaux, pense que leur organisation doit les faire réunir au type le plus simple, et propose de faire une classe de ces organismes inférieurs, ainsi qu'il les désigne, sous le nom de *rhizopodes*.

Je ferai remarquer que les découvertes les plus minutieuses sur l'organisation des *intestinaux* n'ont pas changé le nombre des grandes divisions de cette classe, celles des *cavitaires* et des *parenchymateux* établis par M. Cuvier.

Seulement j'ai cru devoir réunir, dans mes enseignements, parmi les cavitaires, les échinorhynques, que M. Cuvier avait laissés avec les parenchymateux; attendu qu'ils ont réellement une cavité viscérale très-distincte, et que les sexes y sont séparés, comme dans les autres cavitaires.

Les *animalcules* ou les infusoires ont été, dans ces derniers temps, le sujet de nombreuses recherches, et par suite de nouveaux essais de classification. Cependant, les résultats de ces recherches ne changent pas le premier aperçu de M. Cuvier, d'après lequel il faisait deux groupes des infusoires: les *rotifères* et les *homogènes*. Mais ces deux groupes, qui ne sont que deux ordres d'une même classe dans le *Règne animal*, doivent être érigés en classes, à cause des grandes différences qui existent dans leur organisation.

A cette occasion, je dois vous signaler l'immense travail de M. Ehrenberg sur les *animalcules*.

Dans ce monde des infiniment petits, dont l'étude se rattache à tant de questions intéressantes, les deux règnes organiques se touchent et semblent se confondre ; de manière que les observateurs les plus exercés sont loin d'être d'accord sur le caractère animal ou végétal de tel être qui fait partie de ce nouveau monde, dont le microscope nous a révélé l'existence.

Une circonstance qui vient de donner à cette étude un nouvel attrait, c'est la découverte des animalcules fossiles, ou plutôt de leurs débris, de leurs enveloppes siliceuses. L'imagination est effrayée du nombre de ces débris qui entrent dans la formation de certains terrains récents, tertiaires, secondaires, et même de roches dites primitives.

Voilà de nouveau un exemple de liaison de toutes les sciences physiques ; de celle, entre autres, du monde inorganique avec le monde organique, et des grands moyens d'expliquer l'histoire de l'un par l'histoire de l'autre.

C'est encore à *Cuvier* qu'est dû d'avoir créé, régularisé, fait sentir toute l'importance de ces rapports, par son immense travail sur les ossements fossiles et sur leurs liaisons avec les roches, les formations, les terrains qui constituent la croûte de notre globe.

Nous vous exposerons de même une esquisse de ses travaux, pour classer et déterminer les générations détruites, comme il avait fait des générations existantes, et les découvertes multipliées qui en ont été la suite.

Nous terminerons, dans la leçon prochaine, cette partie systématique de l'esquisse générale historique que nous avons cru devoir vous présenter, avant d'entrer en matière.

QUATRIÈME LEÇON.

(Du 14 décembre 1838.)

Fin de l'esquisse historique. — Suite de l'histoire systématique des êtres existants. — Espèces détruites.

C'est au sujet des animalcules, que nous avons dû passer, à la fin de la dernière leçon, de l'histoire naturelle systématique des corps organisés existants, à celle des *corps organisés fossiles.*

Je vous ai dit que la découverte récente des animalcules fossiles, ou plutôt de leurs enveloppes siliceuses, venait de donner à l'étude des animalcules vivants un nouvel attrait.

L'imagination est effrayée, ai-je ajouté, du nombre de ces débris qui entrent dans la formation de certains terrains, récents, tertiaires, secondaires, et même de roches dites primitives.

Mais une autre découverte, à laquelle celle des animalcules fossiles a conduit, et dont nous vous parlerons d'abord, est celle des dépôts formés par les *animalcules* vivant actuellement dans les eaux douces. On vient de constater que les dépôts de terreau, que les couches de limon qui se forment au fond des eaux stagnantes, dans lesquelles ces êtres microscopiques se multiplient si extraordinairement, ne sont guère formés que de leurs débris siliceux.

Ainsi, M. *Ehrenberg* a vu que les *infusoires à carapace siliceuse* pouvaient déposer, pendant les temps chauds, au fond des eaux stagnantes, une couche vaseuse de l'épaisseur de la main. Quoique plus de cent millions des débris siliceux de ces animalcules pèsent à peine un grain, on a pu cependant, dans l'espace d'une demi-heure, en rassembler près d'une livre, et, durant le mois de juin, il eût été possible d'en recueillir, en peu d'heures, 25 à 50 livres, dans la ménagerie de Berlin (XL, p. 224).

Cette observation, de l'intérêt le plus général, lie *la nature organisée actuellement vivante* à la surface du globe, dont nous sommes à même d'observer, de décrire et de classer les générations qui se succèdent, avec *la nature organisée fossile* qui a été enfouie plus ou moins profondément, plus ou moins anciennement dans les terrains de différents âges et de différente nature, qui forment la croûte de notre globe.

Cette proposition mérite que nous nous y arrêtions, sinon pour la développer, du moins pour présenter un résumé des observations nouvelles sur lesquelles elle est fondée.

On peut ranger à présent, dit M. *Ehrenberg* (XV et II, t. 7), parmi les faits les plus avérés :

1° Que la *farine fossile* (1) (*Bergmehl*) ; le dépôt siliceux appelé *kieselguhr* (2) ; le *tripoli* (*polirschiefer*) (3) ; le *saugschiefer*, *albopal de Tripoli*, qui sont de formation tertiaire, se composent, en tout ou en partie, de débris d'enveloppes d'infusoires.

2° Que d'autres espèces minérales plus anciennes, ou récentes, ont très-probablement la même origine ; telles sont :

Le silex de la craie, le semi-opale de la dolérite, l'opale précieux du porphyre, tous trois de formation secondaire et primaire. On peut le dire encore de la terre jaune (*gelberde*), du minerai de fer limoneux, de certaines espèces de pyrites, qui sont de formation récente.

Après avoir ainsi reconnu et classé les roches qui renferment des animalcules, il est intéressant de connaître les résultats des observations qui ont été faites pour en déterminer les espèces. La conclusion la plus générale, tirée par M. *Ehrenberg*, de ces observations, du moins jusqu'au 29 juillet 1837 (4), est que, sur 79 espèces d'infusoires fossiles, il n'y en a guère que la moitié qui appartiennent au monde actuel. De ces 79 espèces, 71 ont une carapace siliceuse. On a déterminé, outre cela, dans ces diffé-

(1) De *Sancta-Fiora* en *Toscane*. — (2) De *Frantzbad* et de l'*Ile-de-France*. — (3) Le tripoli schisteux de *Bilin* en Bohême, le tripoli feuilleté du *Hartz*, le tripoli de *Jastraba* en Hongrie.

(4) *Note* lue ce jour-là à l'Académie des Sciences de Berlin, par M. Ehrenberg.

rentes roches, deux *polythalamies* (ou *rhizopodes* de M. *Dujardin*) et 16 plantes, ce qui porte à 97 les espèces microscopiques du monde organique, enfouies dans les roches, et ayant contribué plus ou moins à leur formation.

Remarquons encore que, dans ce nombre, il y en a 25 qui appartiennent au *silex pyromaque* de la craie, tandis que les autres sont de formation plus récente.

Quant aux quantités innombrables des individus de ces différentes espèces, qui entrent dans la composition des terrains que nous venons de signaler, il passe toute imagination. La grosseur moyenne d'un infusoire est d'$\frac{1}{288}$ de ligne, suivant M. *Ehrenberg*. Ce n'est que de l'épaisseur d'un cheveu de tête, dont le diamètre serait d'$\frac{1}{48}$ de ligne.

Les carapaces d'infusoires, qui sont très-pressées les unes contre les autres, dans la pierre à polir de *Bilin*, peuvent former, terme moyen, une masse de 23 millions d'individus par ligne cube, et de 41,000 millions par pouce cube.

Ceux du fer limoneux, qui n'ont qu'$\frac{1}{1000}$ de ligne en diamètre, excéderaient encore de beaucoup, dans un même espace, ce nombre effrayant.

Dans une lettre adressée cette année par M. le professeur *Retzius*, de Stockholm, à l'Académie des Sciences de Paris, avec un échantillon de *farine fossile*, provenant de Vœstrobothnie, ce savant annonce qu'on l'y trouve en couche d'un pied d'épaisseur, sous la vase qui tapisse le fond d'un lac, situé à deux milles environ de la ville d'*Umea*. Elle est formée de carapaces siliceuses de Bacillariées ; les habitants la considèrent comme douée de propriétés nutritives, et la mêlent à leur pain et à leur gruau.

Il existe près des frontières de la *Laponie*, à Degerford, une farine fossile qui diffère très-peu de celle d'Umea. On en trouve aussi en *Finlande* qui présentent les mêmes espèces d'infusoires fossiles. Pour les bien observer, ajoute M. *Retzius*, il faut employer un grossissement de 300 fois le diamètre (I, t. 1, p. 358).

Tout se lie, tout s'enchaîne dans l'étude de l'organisation ; une découverte en amène une autre.

M. *Gervais*, occupé de recherches intéressantes sur les *cristatelles*, genre de polypes d'eaux douces, dont il a repris et éclairé l'histoire, par des observations nouvelles (II, t. 7), faites sur les animaux qui vivent dans les eaux douces des environs de Paris, avait découvert deux corps presque microscopiques, de forme si particulière, qu'il crut devoir les soumettre à l'examen de M. Turpin. De l'un de ces corps, conservé dans l'eau d'un petit vase, sortit bientôt un de ces polypes d'eau douce.

Ces œufs avaient la forme sphérique, la surface mamelonnée, hérissée de rayons, terminés par plusieurs crochets, et s'ouvraient comme une capsule déhiscente, à l'époque de l'éclosion de la petite cristatelle. A peine M. Turpin (1) avait-il eu l'occasion d'en déterminer la nature, que des corps analogues se montrèrent à ses regards surpris, parmi les fossiles microscopiques du *silex de Bilin*.

Outre les espèces d'infusoires que M. Ehrenberg avait reconnues dans la pâte du *silex pyromaque de Delitzsch*, et dans le *semi-opale de Bilin*, M. *Turpin* y a vu, ainsi que dans le *silex pyromaque blond de France*, plusieurs corps de formes différentes; mais dont les uns sont évidemment des œufs d'espèces de *cristatelles*, dont les autres ont pu appartenir à des espèces de polypes plus ou moins rapprochées de cette famille; on peut du moins le conjecturer (II. t. 7).

L'histoire des animalcules vivants, de ce monde nouveau, dont l'existence n'est guère connue que depuis le siècle dernier, quoique *Leeuwenhoeck* l'ait révélée aux savants dès le siècle précédent; cette histoire, ainsi que nous l'avons dit en commençant, nous a conduits aux animalcules fossiles. Les singuliers gissements de ceux-ci, dont les espèces appartiennent aux organismes inférieurs, les *bacillariées*, les *navicules*, viennent de nous montrer qu'ils y sont mêlés, en quantités innombrables, avec

---

(1) Etude microscopique sur la *cristatella mucedo*, Cuvier. C. R. de l'Académie des Sciences, 9 janvier 1837, et II, t. 7, p. 65. C'est vers le 15 décembre 1836, que M. Turpin fit cette intéressante découverte, corroborée par une observation semblable, faite en même temps par M. *Gervais*, sur des œufs qu'il avait gardés, (V. *ibid.*, p. 92).

des organismes déjà plus compliqués, qui appartiennent à la classe des polypes.

Si nous passions en revue successivement toutes les autres classes du règne animal, et si nous cherchions à y placer les nombreuses espèces de fossiles qui ont été découvertes depuis moins d'un demi-siècle, surtout depuis une vingtaine d'années, vous verriez qu'il n'y a aucune de ces formes anciennes, de ces formes détruites par les révolutions du globe, de ces formes qui se sont succédé dans la vie, qu'on ne puisse facilement rapporter à l'une ou à l'autre de ces classes. Mais aussi vous apprendriez que les espèces sont d'autant plus différentes des espèces actuellement existantes, qu'elles ont une origine plus ancienne.

Pour faire cette comparaison, afin de tirer ces conclusions, il faut connaître ces espèces vivantes. La liste de celles inscrites dans les derniers catalogues de la science, ou que les naturalistes sont sur le point de faire connaître dans des ouvrages qui se publient par livraisons, s'accroît avec une rapidité qu'on pourrait appeler décourageante; surtout si l'on réfléchit aux limites de notre vie et de nos facultés intellectuelles, comparées à l'immensité de la nature, que l'homme s'efforce vainement de connaître dans tous ses détails.

Je ne devais pas négliger de vous indiquer les ouvrages systématiques où les derniers progrès, au moins, de cette partie de la science, sont consignés.

Il n'y a malheureusement point de *Systema Animalium*, ou de catalogue complet des animaux connus, comparable au *Prodrôme* de M. *De Candolle*, dont je vous ai déjà entretenus, et qui doit renfermer les noms, les caractères et la synonymie de tous les végétaux. Vous pourrez cependant prendre une idée des espèces connues de mammifères, dans le *Systema Mammalium* de *Fischer*, que les progrès rapides de la science ont rendu, à la vérité, incomplet, mais un peu moins que l'ouvrage, d'ailleurs si recommandable, de Desmarets. Vous apprendrez à connaître les espèces d'oiseaux décrites et nommées par les naturalistes, dans les ouvrages de MM. *Temminck*, *Charles Buonaparte*, *Lesson*, *Audubon*, *Guld*, etc., etc.; des *reptiles*, dans leur Histoire naturelle que publient MM. *Duméril* et *Biberon ;* des *poissons*, dans celle que M. Cuvier a laissée inachevée, mais que continue M. Valenciennes. Vous puiserez une connaissance complète de l'état actuel de la science sur les *mollusques* de toutes les classes, dans les publications de MM. de *Férussac*, de *Blainville*, *Deshayes*, Alc. d'*Orbigny ;* et, pour les coquilles seulement, dans l'ouvrage iconographique que fait paraître, par livraisons, M. *Kiener*, conservateur des collections zoologiques du Muséum d'Histoire Naturelle. M. *Milne-Edwards*, qui publie les *crustacés* dans les suites à Buffon, M. *Walknaer*, qui s'est chargé de la classe des *arachnides ;* M. *Audouin*, de celle des *annelides*, s'efforcent d'en donner une histoire complète.

Quant aux *insectes*, ils sont tellement nombreux, que des savants, dont la réputation est faite depuis long-temps, et qui se sont occupés spécialement de l'un ou l'autre groupe de cette classe, se sont chargés, dans la même entreprise, et dans des publications distinctes, bien connues, d'en faire connaître les différents ordres. Le comte *Dejean*, qui possède une collection de 25 mille espèces de *coléoptères*, publie les genres et les espèces de cet ordre. M. *Boisduval* fait connaître, ainsi que M. *Duponchel*, l'ordre si brillant des *lépidoptères*; M. *Macquart*, celui des *diptères ;* MM. de *Serville* et de *Saint-Fargeau*, les *orthoptères*, les *hémiptères*, les *nevroptères* et les *hyménoptères*.

Je ne parle pas des ouvrages étrangers à la France, qui ne sont pas moins remarquables, pas moins utiles à celui qui veut approfondir cette partie de la science ; tels sont, entre autres, ceux de *Kirby* et *Spence*, sur tous les insectes; de *Gravenhorst*, de *Nees d'Esenbeck*, sur les *ichneumons ;* de *Schœnherr*, sur une seule famille de *coléoptères*, celle des *charançons*, dont il a décrit 6,000 espèces.

Les *zoophytes* ont aussi leurs historiens; les *échinodermes* dans M. *Agassiz ;* une partie des *acalephes* dans M. *Lesson ;* les *polypes* dans MM. *Milne-Edwards* et *Rang ;* les *intestinaux* dans *Rudolphi ;* et les *animalcules*, ainsi que nous l'avons déjà dit, dans *Ehrenberg*. L'ouvrage, d'ailleurs, le plus complet concernant les animaux rayonnés proprement dits, est celui de M. de *Blainville* sur les *actinozoaires*.

Si l'on supputait toutes les espèces qui pourraient être inscrites dans les catalogues de ces différents traités, elles seraient encore loin de celles que l'on présume vivre, soit aux dépens les unes des autres, soit aux dépens des végétaux. Chaque espèce de plante nourrit, on est en droit de l'affirmer, d'après un grand nombre d'observations, plusieurs espèces d'insectes. Si le nombre des plantes qui décorent la surface du globe s'élève, comme on a lieu de le penser, à 120,000, il faudrait peut-être doubler ce nombre pour apprécier celui des insectes que la science aurait pour tâche de faire connaître.

Et cependant ces espèces vivantes ne forment qu'une des deux grandes sections de cette immense population que le naturaliste doit nommer, décrire et classer. Pour devenir un naturaliste complet, il faut qu'il la compare à l'autre section du monde des corps organisés, à celle qui se compose des populations dont les espèces ont cessé d'exister. Il faut qu'il détermine ces dernières espèces, qu'il les caractérise d'après leurs débris; il doit étudier leur gissement, tant sous le rapport du terrain qui les recèle, que sous celui de la position géographique du lieu où on les découvre.

Telle est l'immense tâche qui lui est imposée pour avancer tout à la fois la partie systématique, la partie géographique, et la partie géologique de la science nouvelle qu'on pourrait appeler la *biologie antédiluvienne*.

C'est encore de *Cuvier*, de ce géant des sciences naturelles, que date celle des corps organisés fossiles, comme l'anatomie et la physiologie comparée, comme la première et complète application de la méthode naturelle à la zoologie.

Son génie grandira, de plus en plus, à vos yeux, si vous étudiez successivement ses travaux de *classification;* ceux d'*anatomie* et de *physiologie* sur tous les animaux en général, mais plus particulièrement sur les *mollusques;* et ceux, enfin, sur les *ossements fossiles*.

Ces derniers travaux ne comprennent, à la vérité, que les trois premières classes des animaux *vertébrés;* mais ce sont des modèles de critique raisonnée, d'érudition indispensable, d'études détaillées, des formes animales; de philosophie anatomique; où les rapports nécessaires de toutes ces formes, de toutes les parties d'un squelette sont admirablement expliquées; où l'auteur montre les connaissances les plus complètes sur le squelette des animaux vivants, dont il devait comparer les plus petits os, avec ceux des animaux fossiles.

C'est aussi pour cette utile comparaison, que M. *Cuvier* fit augmenter les collections ostéologiques du Muséum d'Histoire Naturelle, non-seulement en squelettes montés, mais encore en os séparés, de manière à les rendre les plus complètes qui existent au monde.

C'est M. *Cuvier* qui a montré le premier, après toutefois quelques essais de *Pallas*, de *Camper*, etc., etc., comment on devait étudier les ossements fossiles, sur quels principes on devait s'appuyer pour arriver à la détermination des espèces auxquelles ils avaient appartenu. Toutes les différences des âges, des sexes dans le nombre et la forme des dents, dans le nombre et la forme des os du crâne, des épiphyses, des apophyses, des crêtes, des proéminences osseuses de toute espèce, des impressions musculaires, des trous par où doivent passer les nerfs ou les vaisseaux; toutes ces différences, dis-je, sont appréciées avec une connaissance profonde de l'anatomie des espèces vivantes, dans les mémoires que l'illustre auteur a successivement publiés sur les espèces fossiles; mémoires qui ont déjà servi et serviront encore long-temps de modèles et de guides, pour tous les autres travaux sur cette matière.

Mais cette détermination des espèces fossiles, ou la méthode systématique de leur histoire naturelle, n'était que la clef de cette science des fossiles organiques.

Il fallait étudier, comparer les localités où on les découvre, afin de pouvoir juger, par la nature des animaux qui les habitaient, de la nature du climat qui régnait sur ces contrées, aux époques reculées où cette population ancienne en ressentait les influences.

Il fallait encore, et principalement pour l'histoire des révolutions du globe qui lui ont donné sa forme actuelle et sa composition, du moins autant que nous pouvons l'approfondir, étudier les terrains qui recèlent ces fossiles, et les rapports plus ou moins constants des uns et des autres.

La description des environs de Paris, publiée dans l'histoire des ossements fossiles par MM. *Cuvier* et *A. Brongniart*, a montré au monde savant un modèle à suivre dans cette étude. Elle a dès lors fondé la *géologie* sur une base inébranlable; elle en a fait une science de faits et d'observations incontestables, d'où l'on a pu déduire l'histoire du globe; de même qu'on déduit l'histoire des sociétés humaines, par les médailles, ou les monuments qu'elles ont laissés sur leurs traces.

Cette étude des fossiles organiques, en rapport avec les terrains, est devenue, par l'exemple qu'en ont donné MM. *Cuvier* et *Brongniart*, la source la plus féconde, pour distinguer les âges relatifs et la formation de ces terrains, soit dans l'eau douce, soit dans l'eau de la mer.

C'est elle encore qui a conduit à ces belles déductions sur les époques relatives du soulèvement des montagnes, calculées si heureusement par M. *Elie de Beaumont*, et sur les climats qui régnaient dans les diverses latitudes de la surface du globe, aux différentes périodes qui sont caractérisées par leur *flore* ou leur *faune* que la science a déterminées, dont elle a fait connaître les catalogues précis.

Une des propositions les plus intéressantes à tirer de la détermination des espèces fossiles, comparées aux espèces vivantes actuellement dans les mêmes localités, est celle des changements de climats.

En effet, on est parvenu, par la détermination des espèces détruites, qui vivaient à telle ou telle latitude septentrionale très-avancée vers le pôle, aux époques relatives que la *géologie* distingue par l'existence de terrains de telle ou telle nature, à déterminer la température et le climat qui régnait alors dans ces latitudes.

Il a suffi de comparer les espèces fossiles, soit végétales, soit animales, dont on trouve les restes dans nos climats, ou même dans les latitudes les plus septentrionales, avec les espèces analogues qui ne se trouvent plus que dans les climats chauds, tels que l'Égypte, ou même dans les régions équinoxiales.

Vous pourrez entendre ces hautes déductions de la science dans les leçons que fait, dans ce même amphithéâtre, mon honorable collègue M. Élie de Beaumont. Il en a publié un résumé dans une note qui a pour titre : *Sur la température de la surface du globe pendant la période tertiaire, d'après la nature des débris organiques qui s'y rapportent* (II, t. 6, 313).

M. *Deshayes* (dans un mémoire lu à l'Académie des Sciences, le 23 mai 1836, II, t. 5, p. 289) avait traité le même sujet, en établissant ses propositions uniquement sur la connaissance des coquilles fossiles. Personne n'était plus en état que ce savant, qui fait, depuis bien des années, de cette partie de la science des fossiles son étude particulière, qui l'a approfondie dans tous ses différents rapports, d'en tirer toutes les applications possibles à la géologie.

Mais cette belle étude systématique des corps organisés fossiles, n'est pas seulement féconde en applications nombreuses à l'histoire du globe, applications qui ont seules fondé la zoologie, ainsi que nous l'avons dit, sur une base inébranlable; elle est encore la source inépuisable d'études physiologiques ou philosophiques sur les conditions organiques de la vie, aux différentes époques où elle a paru sur le globe. Nous nous servirons de cette étude pour essayer de résoudre, avec vous, plusieurs questions importantes, qui intéressent au plus haut degré la *science de l'organisation*, considérée sous l'un ou l'autre de ces points de vue.

« Les développements de la vie, » a dit M. Cuvier, en prévoyant toutes les questions que pourra soulever et résoudre l'étude des fossiles organiques, « la succession des formes, la détermination précise de celles qui ont paru les premières, la naissance simultanée de certaines espèces, leur destruction graduelle, nous instruiraient peut-être autant, sur l'essence de l'organisme, que toutes les expériences que nous pourrons tenter sur les espèces vivantes. Et l'homme, à qui il n'a été accordé qu'un instant sur la terre, aurait la gloire de refaire l'histoire des milliers de siècles qui ont précédé son existence,

» et des milliers d'êtres qui n'ont pas été ses contemporains » (XLVII). »

En terminant, en 1824, le dernier volume de son grand ouvrage sur les *ossements fossiles*, en achevant cette tâche immense qu'il avait commencée près de trente années auparavant, en 1796, et qu'il avait vue grandir chaque jour, à mesure qu'il pénétrait dans ces immenses détails ; en écrivant les dernières lignes de cet immortel ouvrage, M. Cuvier était loin de se flatter que cet ouvrage fixerait la science qu'il venait de créer. Il prévoyait, au contraire, dès ce moment, que l'émulation générale excitée parmi les savants, par une publication d'un si haut intérêt, porterait ses fruits. Cette pensée est bien clairement exprimée dans ces dernières lignes : « Je ne doute pas, ce sont ces » lignes que je rapporte, que dans quelques années peut-être, » l'ouvrage que je termine aujourd'hui, et auquel j'ai consacré » tant de travail, ne sera qu'un léger aperçu, qu'un premier coup» d'œil jeté sur ces immenses créations des anciens temps (XLVII, » t. 5, 2e partie, p. 487). »

Cette prévoyance, je devrais dire cette prédiction du génie, n'a pas tardé à se réaliser. Il n'y a pas quinze années que cet oracle a été prononcé, et déjà d'immenses détails sont venus s'ajouter, se classer dans les cadres de la science, tels que M. Cuvier les avait arrangés ou prévus, par des recherches qu'il avait provoquées.

Le sol de la France, celui de l'Italie, de l'Angleterre, de l'Allemagne, celui de la Grèce, de l'Algérie, de l'Inde, de l'Hymalaya, du plateau de la Tartarie, de l'Amérique-Méridionale, dans toutes les parties, depuis les plaines les plus rapprochées du niveau de la mer, depuis les Pampas de *Buenos-Ayres* jusqu'aux vallées les plus élevées des Cordillières des Andes ; l'Amérique-Septentrionale dans toutes ses latitudes ; en un mot, toutes les parties du monde où l'homme civilisé a pénétré, ont été fouillées avec soin, avec persévérance, et le sont encore journellement.

Les résultats de ces nombreuses recherches sont incalculables ; chaque jour ajoute d'importantes découvertes aux découvertes de la veille ; chaque jour accroît le riche catalogue des espèces qui ont vécu avant la création dont nous sommes les contemporains.

Vous en trouverez l'annonce dans les *Comptes-rendus de l'Académie des Sciences*, dans les *Annales des Sciences Naturelles*, et surtout dans les *Mémoires des Sociétés Géologiques de France et d'Angleterre.*

Les deux règnes des corps organisés ont été également explorés. M. Adolphe *Brongniart* est le premier en France qui ait tenté de faire, pour les végétaux, un travail analogue à celui de M. *Cuvier*, pour les trois classes supérieures des animaux vertébrés. L'ouvrage de ce savant sur les plantes fossiles sera le recueil le plus complet des connaissances acquises sur cette partie des corps organisés. On doit également beaucoup aux savants allemands qui ont étudié la botanique fossile dans tous ses détails.

Cette science nouvelle a d'ailleurs eu une grande influence sur celle des espèces actuellement vivantes. Elle y a produit, pour ainsi dire, une révolution. En effet, les restes fossiles du règne végétal ne sont que leurs parties ligneuses, leurs parties dures, soit qu'elles aient appartenu à leur tige, à leurs feuilles, comme les nervures de celles-ci, ou à leurs racines. On trouve bien dans les empreintes des feuilles, des moyens de déterminer leur forme, et leur arrangement sur la tige, lorsque ces feuilles ont appartenu à des végétaux ligneux. Mais tout au plus découvre-t-on, par-ci par-là, des empreintes de bourgeons et de tiges herbacées. Jamais il ne reste de traces de celles des fleurs ni des fruits purement charnus. Joignez à ces restes ceux de quelques fruits durs, ou de quelques graines rares, vous aurez toutes les espèces de débris tirés du règne végétal, que la science devait déterminer et classer. Elle y est parvenue cependant, en soumettant à de nouvelles études, ces mêmes parties, dans les espèces vivantes. Elle a cherché et elle a découvert, dans leur structure intime, ou dans des formes plus apparentes, mais dont on avait négligé l'observation; dans la disposition des rapports mutuels de la tige et des feuilles; dans les détails de leurs nervures, des caractères différentiels inaperçus jusque là, qui lui ont permis de se passer de tous les détails que la science ordinaire des espèces vivantes, tire du fruit ou de la fleur, pour caractériser les familles.

Toutes les classes du règne animal qui ont laissé des traces dans le sol de notre globe, dont les parties dures ont pu être conservées, ont été étudiées de même, avec le plus grand soin.

La science d'aujourd'hui cite avec éloge : le bel ouvrage de M. Agassiz, sur les poissons fossiles; celui de Sowerby, sur les coquilles fossilles; et plus spécialement celui de M. Deshayes, sur celles des environs de Paris; ceux de M. Goldfuss, et de tant d'autres savants allemands sur la même classe; le travail spécial du M. Dumoulin, de Bordeaux, sur les oursins fossiles; celui de M. Miller, sur les encrines; les publications de M. Goldfuss et les dernières recherches de M. Milne Edwards, sur les polypiers fossiles; et enfin celles de M. Ehrenberg, sur les *animalcules fossiles*, par lesquelles nous avons commencé cette dernière partie de notre esquisse historique sur l'état actuel de la science des corps organisés et ses derniers progrès.

Cette longue esquisse, qui vient de nous occuper durant quatre séances, servira, j'espère, à vous donner une idée générale de l'état actuel de la *Science des corps organisés;* de sa marche rapide et des efforts qu'il nous faudra faire pour la suivre, non pas dans tous ses détails, cela nous serait impossible; mais seulement dans ses faits les plus généraux et dans ses propositions principales. Elle vous mettra à même de prévoir les questions communes à tous les corps organisés, que nous pourrons traiter avec vous; les questions plus particulières sur l'anatomie et la physiologie des animaux, et enfin celles qui concernent les règles à suivre pour les nommer, les décrire et les classer.

Cette esquisse suffira peut-être, pour vous faire connaître la physionomie que la science a prise dans ces derniers temps, et son caractère actuel; tant sous le rapport des vérités nouvellement acquises, que de ses moyens perfectionnés d'investigation, que des méthodes plus rigoureuses, suivies dans les recherches. Permettez-moi, avant de terminer, de vous en montrer encore, en perspective, les traits principaux; tels du moins que je crois les apercevoir, et que je voudrais essayer de les rassembler, dans une esquisse réduite aux dimensions les plus resserrées.

La Chimie organique, ou l'étude de la composition élémentaire des organismes, nous semble prendre un caractère de sévérité et d'exactitude dans les procédés, qui a déjà conduit à des découvertes positives, non-seulement sur la nature des éléments servant à composer tel ou tel fluide, tel ou tel solide organique; mais encore sur les quantités, mesurées avec exactitude, de ces mêmes corps simples. On comprend dès à présent, que trois ou quatre éléments, combinés dans des proportions très-variables, pour constituer les différents produits de la vie, suffisent pour donner à ces produits si nombreux, les propriétés caractéristiques qui les distinguent; on est parvenu à se rendre compte, jusqu'à un certain point, comment les matières premières sur lesquelles agit la puissance de la vie, pour composer les parties fluides, liquides ou solides, si variées et si nombreuses, des organismes, peuvent être d'une aussi grande simplicité dans leur nombre, et dans leur nature.

L'analyse comparée des substances alimentaires, parmi lesquelles nous comprenons les éléments respirables, avec celle des substances organiques et des organismes eux-mêmes que ces éléments composent; avec celle encore des produits que le tourbillon de la vie rejette hors de ces organismes; donne une idée plus juste ou plus précise, sinon des procédés chimiques de composition et de décomposition, mis en jeu dans les corps organisés, du moins des merveilleux résultats qu'ils produisent, avec des matériaux bien déterminés.

On sent combien cette appréciation des fonctions chimiques des corps organisés, et de l'influence que doivent avoir sur leur composition élémentaire, et conséquemment sur leur nature pondérable, les matériaux qu'ils emploient, peut être susceptible d'applications nombreuses et fécondes. La Physiologie en tire une partie de ses propositions les mieux démontrées; la Pathologie ses explications les moins contestables; l'Hygiène les règles à la fois les plus positives et les plus utiles (1).

---

(1) Les médicaments donnent, par intervalle, plus d'activité à la puissance nerveuse, mais ne la réparent pas; les moyens que fournit l'hygiène, la respiration d'un bon air, un régime bien ordonné, des exercices convenables, etc., peuvent seuls, directement ou indirectement, réparer cette puissance et l'augmenter même, en *modifiant la composition des organes*. *Dissertation sur l'Hystérie*, p. 93; Paris, 1801.

La Physique organique, soit seule, soit liée à la chimie, nous donne les moyens de mesurer l'influence des agents physiques sur l'économie végétale et animale. Des procédés et des instruments perfectionnés permettent de déterminer, avec exactitude, l'influence de l'air et de l'eau sur les corps organisés, et la différence de température de ces milieux, dans lesquels ils vivent, comparée à leur température propre.

La Physiologie doit à la physique une grande partie de ses derniers progrès par les données, les nouveaux appareils et les expériences comparatives, qui ont permis à la première de ces sciences, d'apprécier le rôle que joue l'action capillaire, l'*endosmose* et la perméabilité des tissus organiques, dans les phénomènes d'exhalation ou d'absorption, et dans les mouvements de translation des fluides organiques.

On doit à la physique, réunie à la chimie, on lui devra plus tard encore, l'appréciation de plus en plus étendue des phénomènes nerveux électro-chimiques.

L'Anatomie ordinaire, ou la connaissance des machines organiques, sous le rapport de leur forme et de leur structure apercevable à l'œil simple, change rapidement à de courts intervalles l'état de la science, et ajoute, pour ainsi dire chaque jour, des faits nouveaux, aux faits déjà consignés dans ses annales. Ces progrès incessants sont dus non-seulement à l'activité, à la grande émulation qui règne parmi les anatomistes, aux procédés perfectionnés qu'ils emploient; mais encore à l'esprit qui les dirige dans leurs recherches, à *ce qu'elles sont presque toujours comparées*.

L'Anatomie microscopique soumettant tous les tissus à la puissance d'un grossissement de 3, 4, 5 cents diamètres, et plus, les montre sous un aspect tout nouveau, qui n'est pas exempt d'illusions; mais qui conduit, après avoir écarté, autant que possible, toutes les causes d'erreur, à une connaissance plus intime des organismes.

Les expériences sur les êtres vivants ont été singulièrement multipliées, dans ces derniers temps; exécutées avec une perfection extraordinaire dans les opérations qu'elles exigent, elles ont conduit à des résultats utiles pour l'analyse des phénomènes de la vie, l'appréciation de leur dépendance mutuelle, et des rouages qui les produisent.

L'étude de l'origine des corps organisés dans les corps organisés a pris, depuis quelques années, un essor remarquable, et conduit à des résultats importants, depuis qu'en épiant, pour ainsi dire, leurs premiers linéaments apparents, l'observation attentive suit, d'heure en heure, leur évolution et leurs métamorphoses successives.

Enfin la *Tératologie*, en réunissant dans ses archives le catalogue des formations anormales, et en cherchant les limites de ces formations dans les lois des développements réguliers, est venue prendre place, comme un chapitre essentiel, dans la science de l'ovologie et de l'embryologie.

Avant de terminer ce dernier aperçu de la direction qu'a prise dans sa marche actuelle, la science des corps organisés, je ne puis manquer de vous signaler encore l'impulsion qui lui a été donnée par l'*Anatomie comparée*, et par le principe des *comparaisons multipliées* qui en est l'âme. Son application, et celle du principe, non moins fécond, des *observations analytiques*, dont le premier portait en lui le germe, s'est étendue à toutes les autres branches de l'histoire naturelle, et les a bientôt vivifiées.

C'est ce double principe, absolument logique, né, propagé du moins, au milieu de la nation dont la langue est peut-être la plus logique du monde, qui a fait de la France, à la fin du siècle dernier et au commencement de celui-ci, le foyer principal des lumières, pour la science des corps organisés, auquel les *Meckel*, les *Rudolphi*, les *Tiedemann*, et tant d'autres, sont venus prendre les étincelles qui ont allumé en eux le génie de cette science.

En ce moment, aucune contrée civilisée n'est étrangère au grand mouvement qui agite et régularise, de toutes parts, les études d'histoire naturelle.

L'Allemagne est une voie lactée pour le ciel de cette science, dans laquelle brille plus de centres de lumières que partout ailleurs, qui s'éclairent mutuellement et rayonnent au loin leur chaleur vivifiante.

L'Italie, l'Angleterre, la Hollande, la Suède, le Dannemark, même la Russie, sont d'anciens foyers de lumières, que les savants actuels qui les habitent font briller d'un nouvel éclat.

Je n'entreprendrai pas de vous signaler de nouveau ces illustrations actuelles, dont la science me sera d'un grand secours dans la suite des entretiens qui commencent.

L'érection d'une chaire d'*Histoire naturelle des corps organisés*, conformément au vœu de l'honorable compagnie de MM. les Professeurs royaux du Collége de France, provoquée par un Ministre ami des lumières et des progrès, devrait marquer une ère nouvelle dans cet Etablissement. C'est du moins une création qui indiquait le besoin, généralement senti, de régulariser l'enseignement de cette partie de l'histoire naturelle, sur une comparaison encore plus étendue, que celle des végétaux ou des animaux, considérés seulement entre eux.

Cette étude et cet enseignement comparés, embrassant ainsi tout ce qui a vie, ne peut manquer de faire naître tôt ou tard, dans l'esprit d'un homme de génie, ces vues d'ensemble qui seules pourront constituer la science des *corps organisés*.

En attendant, la barrière est franchie entre la botanique et la zoologie, dans la carrière qui nous est ouverte. L'une et l'autre devront être réunies dans un enseignement unique, comprenant leurs plus grandes généralités; de même que les caractères distinctifs des animaux et des végétaux viennent s'effacer et se confondre dans les êtres les plus simples des deux règnes, qui ne conservent plus que les caractères généraux de l'organisation et de la vie.

La découverte de ces êtres, dont on a voulu faire un nouveau règne, était du moins un avertissement que, dans la vue la plus étendue de la nature, il n'y a que des *êtres inorganiques* et des *êtres organisés;* et que les caractères qui distinguent les végétaux des animaux, sont subordonnés aux caractères, encore plus élevés dans leur généralité, qui en font, avant tout, des êtres doués de l'organisation et de la vie.

Ce ne sera pas, je le prévois avec crainte, sans de grandes difficultés, que je parviendrai à remplir convenablement ma première tâche.

Pour ce cours de principes généraux, de vérités fondamentales, tel que doit être un cours du Collége de France, je devrais avoir toutes les facilités possibles de vous démontrer au moins les faits principaux, qui constituent ces vérités fondamentales d'une science toute d'observations.

Une collection, faite précisément dans ce but élevé, me serait indispensable.

Dès que l'Administration supérieure de l'Instruction publique, de laquelle cet Etablissement dépend, m'en aura accordé les moyens, je m'empresserai de commencer cette collection, qui devra comprendre des exemples choisis des principales formes organiques, et des points de l'organisation les plus propres à faire connaître et à expliquer les phénomènes de la vie. Mais vous comprendrez que, devant se composer de préparations nombreuses et plus ou moins difficiles, cette collection d'*anatomie physiologique, végétale et animale*, ne pourra se faire que successivement. Je ne puis compter, à mon âge, que d'en poser les bases; d'autres plus heureux lui donneront toute l'importance, toute l'étendue dont elle sera susceptible.

J'aurai du moins l'avantage de la fonder, secondé, comme j'en ai le sincère espoir, par l'ADMINISTRATEUR éclairé de cet ÉTABLISSEMENT, et par le concours de mes HONORABLES COLLÈGUES.

J'ose espérer, Messieurs, de votre bienveillance, que vous me tiendrez compte des difficultés que je viens de signaler; difficultés que tous mes efforts, toutes mes démarches tendront journellement à faire disparaître.

NOTES.

I. *Comptes-rendus de l'Académie des Sciences* pour 1838, t. I et II.

II. *Annales des Sciences Naturelles*, 2e série. — Zoologie.

III. *Bibliothèque Universelle de Genève.*

IV. *Comptes-rendus de l'Académie des Sciences* pour 1838, t. II. — Botanique.

V. *Archives d'Anatomie et de Physiologie* de *J. Muller. Berlin*, 1834-1838.

VI. *De Glandularum secernentium Structurâ penitiori.* Lipsiæ, 1830, 1 vol. in-fol.

VII. *Annales françaises et étrangères d'Anatomie et de Physiologie*, t. I, par MM. *Laurent*, *Bazin* et *Jacquemart*; Paris, 1837. T. II, par MM. *Laurent*, *Bazin*, *Coste*, *Hollard*, *Gervais* et *Jacquemart*, Paris, 1838.

VIII. *Nova Acta physico-medica Academiæ Cæsariæ Leopoldinæ-Carolinæ Naturæ Curiosorum*, T. 18. Part; 1, 1836. *Sur la distribution et les dernières terminaisons des nerfs.* (En allemand).

IX. *Mémoires sur les Animaux sans Vertèbres*, par M. *Savigny*; 1re partie, Paris, 1816. Le mémoire de M. *Geoffroy*, sur la composition de la tête osseuse, dont il est question page 68, étant de 1807, a sans contredit une longue antériorité de publication.

IX *Bis*. *Leçons sur les phénomènes physiques de la vie*, professées au Collége de France par M. *Magendie*, t. I-IV.

X. *Traité de Physiologie*, par C.-T. *Burdach*; traduit par *A.-J.-L. Jourdan.* Paris, 1837-1838.

XI. *System der Vergleichenden Anatomie.* — VI vol., dont le dernier est de 1833; les six volumes en font dix dans la traduction française. *Meckel*, dans la préface du VIe, qui est datée du 1er août 1833, annonçait la prochaine publication du volume VII, qui devait traiter des organes, des sécrétions et de la génération. Le travail, ajoutait-il, sur le système nerveux et les organes des sens est très-avancé. Sa mort est venue arrêter, très-malheureusement pour la science, ces importantes publications.

XII. *Physiologie der Verdaung*; Wurzburg, 1834, 1 vol. in-8°.

XIII. *Recherches sur le développement du liége et du faux-liége, sur l'écorce des dicotylédonnées ligneuses.* Tubingen, 1837. (En allemand).

XIV. *Mémoires pour servir à l'histoire anatomique et physiologique des végétaux et des animaux*; par M. *H. Dutrochet*, t. I et II. Paris, 1837.

XV. *Annales de Physique*, etc. Poggendorf, N^me^. 6, 1838.

XVI. Doct. *Henle Symbolæ ad anatomiam villorum, imprimis eorum epithelii et vasorum lacteorum*. Berol., 1837, 4°.

XVII. *Leçons d'Anatomie comparée* de Georges Cuvier, rédigées et publiées par G.-L. Duvernoy; *seconde édition*.

Tome IV, 1re partie.	p. 615
Tome IV, 2me partie.	p. 690
Tome V.	p. 502
TOTAL.	1807 pages.

Les mêmes matières ne comprennent que 698 p. dans la première édition; différence en plus, pour ces trois volumes, 1104 pages. Je vais tâcher d'exposer, aussi succinctement que possible, les principales améliorations que présentent ces volumes, dans cette nouvelle édition; soit sous le rapport des faits, soit sous celui des vues nouvelles et de la distribution des matières.

Quant à la part que j'ai eue, comme collaborateur, à la première édition, je renvoie à la Notice sur mes travaux, adressée à l'Académie des Sciences en 1832, où je l'ai exposée trop brièvement peut-être, mais en toute sincérité. Cette Notice a été réimprimée en 1838, pour être de nouveau distribuée à MM. *les Académiciens*, avec la liste supplémentaire de mes travaux postérieurs à 1832.

Dans le tome IV, première partie, le travail général sur les mâchoires et leurs muscles; sur l'hyoïde; sur la langue, considérée comme organe de déglutition, et sur les glandes salivaires, dans tous les animaux vertébrés; ce travail, dis-je, renferme un grand nombre de faits que je crois avoir acquis à la science, déjà en 1804, lors de ma première coopération à cet ouvrage; ou que j'ai découverts à l'époque des études nouvelles que j'ai dû faire pour cette seconde édition; études que je poursuis sans relâche depuis 1828.

Une partie de ces faits, ou des vues qu'on peut en tirer, a été publiée dans mes anciens mémoires, que j'ai lus en 1804, soit à la Société de Médecine, soit à la Société Philomatique, et dont on peut voir des extraits dans les bulletins publiés par ces deux Sociétés.

Le premier de ces mémoires ayant pour titre : *De la Langue, considérée comme organe de préhension des aliments*, a été lu déjà en 1804, *à la Société de l'Ecole de Médecine de Paris*.

Les faits principaux qu'il renferme avaient été indiqués dans les extraits qui en ont été imprimés, immédiatement après sa lecture, soit dans le n° 8 du *Bulletin* de cette *Société*, soit dans l'ancien *Bulletin de la Société Philomatique* (n° 86, p. 198 à 201, t. III et pl. 24).

C'est, si je ne me trompe, le premier travail où l'on soit parvenu à expliquer positivement, par l'anatomie, les mouvements rapides d'allongement et de raccourcissement de la langue du *caméléon*, et ceux des *fourmiliers* et de l'*échidné*, parmi les mammifères, et à montrer que ce mécanisme est tout différent de celui qui était déjà connu chez les oiseaux (les pics) à langue protractile. Ce n'est que vingt-deux ans plus tard que M. Houston a fait connaître une autre théorie, celle de l'érection vasculaire, qu'il est facile de réfuter.

Dans la nouvelle édition des *Leçons*, je montre que ces effets ne sont que des modifications du plan général de composition de la langue ou de l'hyoïde, et des rapports de ce dernier appareil, dans l'une et l'autre de ces classes. C'est une question, d'ailleurs, que je m'étais proposée dès 1804, dans l'introduction de mon premier travail. Ce mémoire n'a été imprimé en entier, avec les cinq planches qui l'accompagnent, qu'en 1830, dans le t. 1er du *Recueil des Mémoires* de la Société d'Histoire Naturelle de Strasbourg. On trouve dans ce même recueil, t. II, une suite à ce travail, ayant pour titre : *Mémoire sur quelques particularités des organes de la déglutition de la classe des oiseaux et de celle des reptiles* (lu à l'Académie des Sciences, le 22 février 1836).

Je renvoie, pour les réflexions générales sur le sujet de ce mémoire et sur mes précédents travaux, à la note de la page 2 du même travail.

Une conclusion remarquable, à laquelle on ne s'attendait pas, c'est que la composition osseuse, musculeuse et membraneuse de la langue des oiseaux varie beaucoup, et que sa forme et ses proportions ne sont pas en rapport avec celles du bec. Ces différences pourront servir, au besoin, à fournir de bons caractères pour reconnaître les espèces, les genres et les familles.

Relativement au mécanisme de la langue du caméléon, j'ai complété dans ce mémoire, ce que j'en avais dit dans le premier. L'un et l'autre ne contiennent guère que des faits nouveaux pour la science.

Je puis en dire autant du *Mémoire sur les caractères tirés de l'anatomie, pour distinguer les serpents venimeux des serpents non venimeux* (lu à l'Académie des Sciences, le 20 octobre 1830, et imprimé dans les *Annales des Sciences Naturelles*, t. 26, avec six planches dont une double).

Dans ce travail et dans la première partie du mémoire suivant, intitulé *Fragments d'anatomie sur l'organisation des serpents* lu à l'Académie des Sciences, le 18 juin 1832, et imprimé, *Annales des Sciences Naturelles*, t. 30, j'ai donné une description complète de tout l'appareil venimeux des serpents à crochets antérieurs et à crochets postérieurs.

A cet effet, j'ai comparé tous les os ou les leviers qui font partie de la déglutition dans les serpents non venimeux et dans les serpents venimeux; les muscles qui les mettent en mouvement; les dents qu'ils supportent; leurs glandes salivaires; leurs glandes venimeuses; leurs glandes lacrymales; le mécanisme de leur langue.

La vue principale de ce travail montre le plan général, pour arriver aux grandes différences que semblent présenter, au premier coup-d'œil, les serpents venimeux et les serpents non venimeux.

Cette même vue générale domine le travail d'ensemble que comprend la première partie du tome IV. Elle révèle, dans tous les vertébrés, un plan général unique, pour tous les organes de préhension des aliments, de mastication, d'insalivation, de déglutition; mais, en même temps, des modifications infiniment variées, dans lesquelles il n'y a qu'une grande habitude d'observation, qui puisse reconnaître ce plan primitif, si fréquemment, si considérablement modifié, pour le mettre en harmonie avec le reste de l'organisme.

Au sujet des organes d'*insalivation*, nous avons cherché à étendre les exemples qui nous avaient servi en 1804, à tirer nos conclusions générales sur le développement proportionnel des glandes salivaires dans les mammifères (ancien Bulletin de la Société Philomatique, n° 83, p. 173-175).

Les observations nombreuses de détails, d'après lesquels j'avais cru pouvoir tirer ces conclusions d'anatomie et de physiologie générale, renferment, entre autres, la découverte d'une nouvelle glande salivaire que j'ai trouvée d'abord dans le *chien;* mais qui existe encore dans plusieurs autres *carnassiers*, et dans quelques rongeurs. J'ai proposé de la nommer sous-zigomatique, à cause de sa position.

Quant à la composition des mâchoires, dans tous les animaux vertébrés; des autres leviers osseux et des muscles ou des puissances qui entrent dans leur appareil de mastication ou de déglutition; j'ai dû refaire presque entièrement ce travail, si compliqué pour les nombreux détails d'observations qu'il exigeait, et la difficulté de comparer les leviers, ou les puissances, qui entrent dans la composition de cet appareil.

La considération principale de l'unité de plan des vertébrés domine encore, comme servant de fil d'Ariadne, dans ce labyrinthe de différences.

Cette considération est d'ailleurs appliquée avec la plus grande indépendance d'opinion. Ainsi, je n'ai pas admis que l'os carré des oiseaux fût l'analogue de la partie tympanique du temporal des fœtus de mammifères; mais bien d'une autre portion de cet os, que j'ai trouvée distincte dans une tête de *cubiai*, et que j'appelle temporal articulaire. Je viens de lire que cette détermination a été adoptée en Allemagne (*Remarques sur l'os carré et la caisse du tympan dans les oiseaux*, par le docteur Fedor Platner. — Dresde et Leipsig, 1839).

Cette indépendance de vues est encore manifeste dans ce que je dis (note 4, page 20 du t. IV, 1re partie) sur l'analogue des pièces operculaires dans les poissons, et dans l'addition de la page 160 et 161 du même tome, y compris la note de la page 160.

Cette théorie, sur le rapport des pièces operculaires, appartient aussi à

M. de Blainville; mais il ne l'a pas déduite, des mêmes faits, ni d'observations aussi concluantes, à ce qu'il me semble du moins.

La *seconde partie du t.* IV comprend le reste de l'appareil d'alimentation dans les quatre classes des vertébrés, c'est-à-dire, l'œsophage et l'estomac ou les estomacs; le canal intestinal et ses annexes, ou la rate, le pancréas et le foie; le péritoine et ses productions ou les mésentères.

Afin de donner une idée des soins que j'ai mis à faire les observations de détails, d'après lesquelles j'ai établi les descriptions générales et particulières de ce volume, je dois dire que j'ai quatre portefeuilles renfermant environ 600 dessins, ou esquisses, de mes préparations; ces nombreux dessins représentent les variétés infinies de ces organes dans les mammifères, les oiseaux, les reptiles et les poissons. (Voir les *Comptes-rendus de l'Académie*, 2me semestre de 1838, p. 754 et 755.)

Une bonne partie de ces observations sont nouvelles, soit pour l'ensemble des descriptions, soit pour quelques-uns des détails. Elles ont été faites souvent d'après un plan et une manière de voir qui m'est propre; telle est celle du gésier *des oiseaux;* celle de la division de leur canal intestinal en un certain nombre d'anses; de la position et de l'analogie de leurs cœcums. (Voir p. 159 et suiv.)

Le canal alimentaire des *reptiles*, celui des *serpents* en particulier, la description de leur *rate*, que Meckel avait cru à tort manquer à un grand nombre d'entre eux, est pour ainsi dire nouvelle; surtout ce qui concerne ces derniers, publié, en partie, dans mes fragments d'anatomie déjà cités (*Annales des Sciences Naturelles*, t. 30).

On ne trouvera dans aucun ouvrage des tables aussi complètes de la longueur proportionnelle du canal intestinal; p. 182-208.

J'avais remarqué, en faisant le même travail pour la première édition, beaucoup d'exceptions à la règle établie alors, que la longueur de l'intestin est très-grande dans les phytivores en général, et très-courte dans les carnassiers. Des recherches sur la proportion de la longueur de l'intestin à sa circonférence, sur les obstacles dépendant de la forme intérieure qui, en ralentissant la marche des substances alimentaires, prolongent l'action des puissances digestives; m'avaient conduit à expliquer ces exceptions apparentes, soit par le plus grand diamètre (pag. 209), qui peut compenser la longueur; soit par les plis transverses de l'intestin, et les anfractuosités de son canal. L'*article* II de la page 109, *sur les proportions de la longueur du canal intestinal à sa circonférence*, n'était pas même dans le plan très-général de cette leçon qu'avait adopté M. Cuvier. Mes nouvelles et dernières recherches ont confirmé ces considérations.

J'ai parlé des annexes du canal intestinal, du moins de mes vues *nouvelles* sur la forme du foie dans les mammifères; on pourra voir les conséquences que j'en ai tirées dans mon mémoire intitulé : *Etudes sur le foie* (lu à l'Académie des Sciences, le 5 octobre 1835, et imprimé *Annales des Sciences naturelles*, 2me série, novembre 1835), conséquences qui sont applicables à la physiologie de ce viscère et à l'histoire naturelle systématique des mammifères.

Au sujet du péritoine, j'ai démontré combien le caractère que BICHAT a voulu assigner aux membranes séreuses, de former des sacs fermés de toutes parts, souffre d'exceptions (pag. 650 à 654).

J'avais découvert dans les *tortues mâles*, et consigné dans la première édition, le fait singulier de l'existence de *canaux péritonéaux* qui conduisent de la cavité du péritoine dans la verge et s'y terminent en culs-de-sac (t. v, p. 114 et 115, et 2e édition t. IV, 2e partie, note de la pag. 652). J'avais encore ajouté que le *clitoris* des femelles offre une structure très-analogue à la verge des mâles. C'était conduire par la main à la description explicite de ces canaux péritonéaux dans les femelles, que l'on trouve *Annales des Sciences naturelles*, t. XIII.

Au sujet des *différents emplois du péritoine*, pour fixer les viscères et pour protéger les vaisseaux et les nerfs qui y vont, ou qui en viennent, les additions des pages 655-659, comprennent des considérations physiologiques, que je crois d'une grande importance.

Enfin, ce que je dis de la composition chimique du foie et de la bile, pages 476-479 du t. v, renferme sur la structure intime du foie, l'aperçu d'un caractère qui distinguerait ce viscère de toute autre glande, celui qu'il renfermerait dans son parenchyme une certaine quantité de bile concrète en réserve.

Au reste, ce tome v, consacré aux organes d'alimentation des *animaux sans vertèbres*, décrits par types, des *mollusques*, des *articulés* et des *zoophytes*, renferme les observations les plus détaillées et les plus nouvelles sur cette partie importante de l'organisation, et complète l'histoire de ces appareils d'organes, dans tout le règne animal.

Ici encore les faits ou les vues nouvelles ne manquent pas. Aussi ce volume de 500 pages renferme-t-il les quatre cinquièmes d'augmentations, prises dans les nombreux travaux originaux d'observateurs recommandables, ou dans mes propres observations.

XVIII. Le tome VI des *Leçons* n'a paru qu'en avril 1839. Il comprend la description du *fluide nourricier, de ses réservoirs et des organes qui le mettent en mouvement* dans tout le règne animal ; ce volume de 547 pages, répond à 75 pages de l'ancienne rédaction de M. Cuvier, et à 132 de la mienne. Il y a donc près de 350 pages d'augmentations.

XIX. *Mémoires du Muséum d'Histoire Naturelle de Paris*; les t. 14, 15 et 18 de cet ouvrage, renferment d'importants travaux de M. *Turpin* sur l'organographie microscopique élémentaire et comparée des végétaux.

XX. *Comptes-rendus de l'Académie des Sciences*, 1836, 2e semestre, p. 699, et 1837, 1er semestre, p. 445.

XXI. *Comptes-rendus de l'Académie des Sciences*, 1835, 2e semestre, séances des 20 juillet, 10 août et 6 octobre.

XXII. *Annales du Muséum d'Histoire Naturelle de Paris;* 20 vol. in-4°, dont le dernier est de 1813.

XXII bis. *Mémoires du Muséum d'Histoire naturelle de Paris*, 20 vol. in-4°, publiés de 1815-1832.

XXIII. *Nouvelles Recherches sur l'Ovule* et addition aux *Nouvelles Recherches*; in-4°; Paris, 1829 et 1830, avec 16 planches.

XXIV. *Annales des Sciences Naturelles*, 1re série.

XXV. *Maurith Heroldii Disquisitiones de Animalium vertebris carentium in ovo formatione. De Generatione Insectorum in ovo.* Frankfurt-am Mein, 1838, in-fol., avec planches (LIV).

XXVI. *Symbolæ ad ovi Mammalium Historiam ante prægnationem.* Scripsit Dtr. A. Bernhart, Wratislaviæ, 1834.

XXVII. *Leçons d'Anatomie Comparée*, t. v, p. 267, de G. Cuvier, rédigées par G.-L. Duvernoy; Paris 1805, 1re édition.

XXVIII. J'ai déjà développé, article XVII, cette proposition, en donnant des détails sur les progrès que cette partie des *Leçons* peut avoir fait faire à la science.

XXIX. *Histoire comparée du développement de la tête des amphibies nus*, à laquelle on a *joint les lois de formation de la tête des animaux vertébrés*, etc.; par M. le docteur C.-B. Reichert; *Kœnigsberg*, 1838. (En allemand.)

XXX. *Observations faites dans un voyage en Tauride, pour servir à la morphologie;* Leipsig, 1837, in-4°. (En allemand.)

XXXI. *De Organis quæ nutritioni et pulsationi fœtus mammalium inserviunt;* Hafniæ, 1837, in-4°.

XXXII. *Sur deux types différents dans la composition de la verge des échâssiers brévipennes etc.* (en allemand), par J. Müller; Berlin, 1838, in-fol. avec 3 planches.

XXXIII. Margareti Cornelii Verloren Responsio ad *quæstionem zoologicam*, etc. Organorum generationis structura in iis molluscis quæ gasteropoda pneumonica a Cuviero dicta sunt, additis iconibus explicetur, etc. Quæ præmium reportavit. D. VIII, mensis februarii, 1837.

XXXIV. Je transcris ici les passages de M. Cuvier (*Leçons d'Anatomie comparée*, 1re édition), sur les organes faisant partie du mécanisme de la respiration dans les *Crustacés décapodes*.

Dans le t. III, pag. 303, M. Cuvier s'exprime ainsi : « Ces mâchoires sont toutes articulées sur le thorax, en avant des pieds, dont elles semblent continuer la série en avant, et portent chacune, sur le côté intérieur de leur racine, une lame membraneuse, qui, se glissant sous le rebord latéral du thorax, entre les branchies antérieures, sert à séparer les lobes de celles-ci et à les comprimer dans l'acte de la respiration. Les pieds ont aussi de pareilles lames pour les branchies postérieures; mais elles manquent dans les espèces qui ont les branchies sous la queue, comme les *mantes de mer* (*Squilla*, *Fab.*)

Dans le t. IV, pag. 432 : M. Cuvier exprime que, dans les *décapodes à courte queue*, comme le *rebord du thorax* qui enchâsse les pyramides branchiales *est inflexible*, il a fallu un mécanisme particulier pour renouveler l'eau qui abreuve les branchies. Il s'opère, ajoute M. Cuvier, par deux lames presque de substance de parchemin; mais il a commis l'inadvertance d'imprimer qu'elles sont articulées sur le thorax, près des mâchoires, etc. Je dis l'inadvertance, puisqu'il avait parfaitement observé et décrit leur attache aux pieds-mâchoires, dans les décapodes à longue queue.

En effet, il revient, au sujet de ces derniers, t. IV, p. 433, à ce qu'il avait dit dans le tome III, « que les pyramides branchiales sont placées, par groupes, entre des lames verticales, comme elles, dont une remonte derrière » chaque groupe. *Ces lames sont attachées à la première articulation des pieds*, » et les pieds ne peuvent se mouvoir sans faire mouvoir les lames, et sans » qu'il s'exerce sur les branchies une compression ou un relâchement. »......

..... *Il y a de plus deux lames en avant* (une de chaque côté), *tenant à deux mâchoires encore plus antérieures que celles dont nous avons parlé, et qui ne supportent point de branchies;* cependant *elles se portent obliquement sur ces organes et contribuent aussi à leur compression et à leur relâchement. C'est par l'action de toutes ces lames que l'eau contenue entre toutes les branchies, vient sortir aux deux côtés de la bouche.* (Ibid., pag. 434.)

Les expériences directes de MM. *Audouin* et *Milne Edwards*, et de M. Edwards seul, ont confirmé les effets de cette compression et de ce relâchement de ces plaques obliques, articulées sur des mâchoires qui ne portent plus de branchies.

XXXV. *Ovologie du Lapin*, Mémoire d'embryogénie comparée. — *Ovologie de la Brebis*, et Rapport de M. Dutrochet à l'Académie des Sciences. — Et *Embryologie comparée*, t. 1, Paris, 1837, avec un très-bel atlas de six planches.

XXXVI. *Institutioni di anatomia et fisiologia comparativa*, parte prima, *animali invertebrati*, t. 1; Napoli, 1832. L'auteur publie une seconde édition de cet ouvrage, avec la date de 1836, en étendant son travail à tout le *Règne animal*. Mais, si j'en juge par les feuilles que j'ai reçues de M. *Delle-Chiaje* lui-même, à la fin de 1838, les deux tomes de cette nouvelle édition sont loin d'être complets.

L'Allemagne possède plusieurs ouvrages élémentaires sur le même sujet; ils ont remplacé le Manuel d'Anatomie Comparée de *Blumenbach*, devenu trop incomplet depuis 1805, date de sa publication. Je citerai entre autres : 1° celui de M. *Carus*, dont la seconde édition a été traduite en français; 2° les excellents *Eléments d'Anatomie Comparée* de R. *Wagner*; Leipsig, 1834 et

1835, in-8° de 607 p.; 3° le *Manuel d'Anatomie Comparée* du docteur J.-B. *Wilbrand*; Darmstadt, 1838, in-8° de 438 p., etc., etc.

La Hollande a, dans le Manuel de Zoologie de M. Van-der-Hœven, un nouvel exemple de l'utilité de l'anatomie et de la physiologie pour éclairer l'histoire naturelle systématique.

L'Angleterre en doit un à M. *Grant*, professeur de zoologie à l'Université de Londres. Les figures qui servent à l'explication du texte sont placées dans ce texte même; ce qui en facilite singulièrement la lecture.

On trouve le même avantage dans les *Eléments de Zoologie*, ou les *Leçons sur l'anatomie, la physiologie, la classification et les mœurs des animaux*; par M. *Milne Edwards*.

Parmi les ouvrages qui traitent d'une seule partie du règne animal, je dois citer particulièrement le premier volume d'*Entomologie* de M. H. Burmeister, sur l'*anatomie* et la *physiologie des insectes*; et l'*Introduction à l'étude de cette classe*, dont la science est redevable à M. Lacordaire, et que ce savant professeur a publiée pour les Suites à Buffon, qui paraissent chez le libraire Roret.

XXXVII. Ce mémoire a été lu à l'*Académie des Sciences*, dans sa séance du 27 juillet 1835. Le retard dans l'impression de cette Leçon, nous permet de citer le savant rapport de M. *Breschet*, fait sur ce travail remarquable d'anatomie de structure intime, dans la séance de l'Académie du 28 janvier 1839.

XXXVIII. *Bulletin des Sciences*, par la Société Philomatique de Paris; année 1816, pag. 109.

XXXIX. Le recueil scientifique intitulé l'*Institut*.

XL. On trouvera un exposé de cette théorie dans la dernière édition des *Nouveaux Éléments de Botanique et de Physiologie végétale*, que vient de publier M. le professeur *Achille Richard*. Cet ouvrage a d'ailleurs atteint, dans cette dernière édition, une perfection à laquelle parviennent seuls les ouvrages élémentaires des savants qui ont contribué puissamment, par leurs propres travaux, à fonder la science dont ils exposent les principes.

XLI. On peut lire, entre autres, un exposé de l'opinion de M. *Mohl*, dans l'excellente *Introduction à l'Étude de la Botanique*, par M. Alph. *De Candolle*, t. 1, pag. 69 et suiv., et pl. 2; Paris, 1835.

XLII. Le *Lépidosirène*, que M. Natterer a fait connaître le premier, dans les Mémoires du Muséum de Vienne, pour 1838, et qu'il regarde comme un batracien, a des écailles de poisson.

XLIII. M. Cuvier avait approuvé cette manière de voir et cette nomenclature, dans la dernière édition du *Règne animal* (t. 1, pag. 174; Paris, 1829). « Enfin, dit-il, si l'on n'avait égard *qu'aux os propres de la bourse*, et si l'on » regardait comme *marsupiaux* tous les animaux qui les possèdent, les *or-* » *nithorynques* et les *échidnés* y formeraient un groupe parallèle à celui des » édentés. »

XLIV. *Le Règne animal distribué d'après son organisation;* Paris, 1829, t. 1. pag. 17 et 18.

XLV. M. le docteur *Lereboullet* a publié sous nos yeux, dans le t. II des *Mémoires de la Société d'Histoire naturelle de Strasbourg*, qui a paru en 1837, des tableaux où les caractères des familles et des genres de mammifères ont été ajoutés aux ordres que j'avais adoptés et publiés dès 1828.

Dans l'annonce qu'on a bien voulu faire de cette nouvelle classification des mammifères, en *ordres*, dans les *Annales des Sciences Naturelles*, t. IX, pag. 375, 2e série; et surtout dans ce qui en est dit, en passant (*Revue zoologique*, par la *Société Cuviérienne;* — Paris, 1838, pag. 217) il y a un anachronisme apparent de dix années, pour l'époque de ma première publication; cet anachronisme vient de ce qu'on a confondu la publication de M. Lereboullet, avec celle que j'avais faite moi-même dès 1828.

XLVI. *Eléments des Sciences Naturelles*, par M. A.-C. *Duméril*, etc., etc., 2 vol. in-8°. Paris, 1825, 3e édition.

XLVII. Dans les *Nouvelles Annales du Muséum d'Histoire Naturelle*, t. II, p. 411. On trouve cette distinction établie par M. de Blainville.

XLVIII. *Recherches sur les ossements fossiles*, etc., par M. le baron G. Cuvier; Paris, 1821, in-4°, p. CXL.

Post-scriptum du 6 août 1839.

Je crains de paraître singulièrement personnel dans la longue note que j'ai écrite sous le n° XVII, et dans le texte même de ces leçons (p. 20-23, 64 et 66). Mon excuse en est dans la nécessité où je me trouve, par plusieurs motifs que je ne puis détailler ici, d'expliquer, que mes premiers travaux scientifiques datent de trente-cinq à quarante ans (de 1799 à 1805); et qu'ils sont restés, en partie, inconnus aux jeunes et heureuses notabilités de la science, soit à cause de leur date, soit parce qu'ils n'ont pas été précisés, pour une partie du moins de ceux qui concernent ma coopération aux *Leçons*.

En effet, n'en ayant pas fait le sujet de *Mémoires particuliers*, ainsi que m'y engageait M. Cuvier, chaque fois que je lui annonçais une découverte, à l'époque reculée où je préparais, par de nombreuses dissections, dans les années 1803, 1804 et 1805, la rédaction des trois derniers volumes de cet ouvrage; il ne se trouve dans la lettre à M. de Lacépède, qui lui sert de préface, que des expressions très-générales sur ma coopération. « *J'avoue cet ouvrage comme* » *le mien*, ce sont les expressions de M. Cuvier, *tout en reconnaissant qu'il* » *appartient aussi à M. Duvernoy, non-seulement par la rédaction, mais encore* » *par beaucoup de faits curieux dont je lui dois la connaissance.* »

La rédaction n'était pas entièrement de moi. M. Cuvier s'était chargé de tout ce qui avait rapport aux animaux sans vertèbres. Les grandes généralités mises à la tête des *Leçons*, étaient encore de la même plume. Ce qu'on pourra facilement reconnaître au style plus formé, et au pronom personnel *je* qui s'y trouve employé; tandis que je me suis servi du pluriel *nous*.

Je n'ai donc rédigé que la partie des détails concernant les animaux vertébrés. Mais cette rédaction a été faite de toutes pièces, d'après des dissections nombreuses et des observations directes, très-multipliées, qui m'ont conduit à ces découvertes, que M. Cuvier annonce d'une manière générale dans la lettre à M. de Lacépède. J'ai cru devoir les *préciser*, en toute vérité, dans mes *Notices* adressées à l'Académie des Sciences en 1832 et en 1838, et dans la présente note; et je n'hésite pas de les revendiquer consciencieusement, quand l'occasion s'en présente; ce que j'ai fait encore récemment dans mon mémoire sur le *mécanisme de la respiration* des poissons, lu à l'Académie des Sciences, le 8 juillet dernier, et qui paraîtra dans le numéro d'août 1839 des *Annales des Sciences Naturelles.*

M. Cuvier est assez riche de ses propres découvertes, de ses propres travaux, ainsi que je le proclame dans tous mes écrits, ainsi que je crois l'avoir démontré encore dans ces premières Leçons, pour ne pas avoir besoin de passer à la postérité avec ceux d'un ami dévoué, qu'il s'était associé, non pour absorber sa coopération, mais pour l'honorer. On en jugera surabondamment, par ce que M. Cuvier dit de cette coopération dans ses mémoires posthumes, que je n'ai pas eus à la vérité à ma disposition, mais dont j'ai entendu lire des fragments; on y verra s'il serait juste de confondre l'association et la coopération successive et bénévole, à un grand travail scientifique, de ses deux amis (celle de M. Duméril, pour les deux premiers volumes, et la mienne pour les trois derniers) avec les imitations nombreuses de ce titre de *Leçons recueillies*, qui ont été faites depuis 1805. Bien entendu que je ne prétends aucunement ici comparer le mérite du travail des auteurs de ces ouvrages; mais leur genre de coopération, qui n'a eu, le plus généralement, aucun rapport avec le nôtre; ni pour la position relative et tout-à-fait libre et indépendante que nous avions, ni pour le travail effectif.

Un autre motif, que je prie le lecteur de peser pour mon excuse de cette longue note si personnelle, c'est que ma carrière scientifique a été coupée, à plusieurs époques de ma vie, de 1805 à 1809; de 1811 à 1827, par des circonstances de famille qui m'ont déterminé à me livrer uniquement, loin de Paris, et pendant de longs intervalles, à la pratique de la médecine; c'est qu'en 1809, 10 et 11, époque à laquelle j'ai été attaché *comme professeur de zoologie à la Faculté des Sciences de Paris*, je n'ai fait qu'un court séjour dans cette ville, par suite d'une maladie qui m'a forcé de m'en éloigner de nouveau; c'est que ce court séjour n'a été marqué que par une seule publication, mon *Mémoire sur les organes du mouvement des phoques*, imprimé fort tard, sans les planches, dans les *Mémoires* du Muséum d'Histoire Naturelle de

Paris, t. IX. (Voir ma notice, p. 9.) Il est résulté pour moi de cette longue interruption, ou à peu près, de travaux scientifiques, qu'on a cru souvent pouvoir traiter ceux de ma première carrière, comme les découvertes d'un auteur qui aurait passé sans bruit *à la postérité* : ou bien on n'a pas tenu compte de ces découvertes, ou elles ont paru sous d'autres noms. Je citerai, pour exemple, l'explication que j'ai donnée du mécanisme de la respiration dans les *tortues*, en relevant une erreur de *Towson*, qui avait attribué aux muscles abdominaux les mouvements d'inspiration, comme ceux d'expiration. Et cependant, c'est cet auteur que l'on cite, très à tort, comme ayant donné l'explication que j'ai fait connaître (*Bulletin de la Société Philomatique*, an XIII, n° 97, p. 279).

Enfin, une dernière circonstance, qui me semblait rendre ces explications nécessaires, c'est que j'ai recommencé loin de Paris (et seulement en 1827) ma carrière actuelle dans l'instruction publique; que mes travaux, à cause de cette circonstance défavorable, ont pu ne pas avoir attiré l'attention de mes juges naturels, dont les grandes occupations ne permettent souvent de connaître et d'apprécier que ce qui les frappe immédiatement, dans les réunions scientifiques auxquelles ils assistent.

J'espère que ceux de MM. les Savants qui s'occupent spécialement d'anatomie comparée et de zoologie, dans le but élevé des progrès réels de la science, rendront justice aux nouveaux efforts que j'ai faits, depuis bientôt douze années, pour les seconder utilement; efforts dont les résultats, déjà publiés en grande partie, ne seront complétement connus, qu'avec l'entière publication de la nouvelle édition des *Leçons*. La part qui m'avait été réservée, dans ce grand travail, par M. Cuvier lui-même, pourra être terminée, si Dieu me prête vie, à la fin de 1840. La verdeur que la Providence m'accorde encore, malgré mes soixante-deux années, qui s'accomplissent aujourd'hui, m'en donne le ferme espoir.

A présent, ceux de mes honorables collègues qui ne s'occupent pas des sciences naturelles, pourront comprendre, au besoin, les conseils d'un Ministre indépendant des influences de la centralisation, et la justice du Roi qui est venue chercher, loin de Paris, un des vétérans de la science, pour l'asseoir au milieu d'eux.

A présent, mes chers auditeurs, qui ont mis tant d'intérêt à mes leçons, seront instruits des anciens et des nouveaux titres à leur confiance, sur lesquels j'ai pu fonder, dans ce premier cours, l'autorité de mes paroles.

www.ingramcontent.com/pod-product-compliance
Lightning Source LLC
LaVergne TN
LVHW020343230826
846091LV00003B/970